イラスト
＆
図解

知識**ゼロ**でも
楽しく読める！

元素のしくみ

山形大学理学部 **教授**
栗山恭直 監修

JN044080

西東社

はじめに

　書店に行くとたくさんの元素関係の本が並んでいます。以前には、アニメで『エレメントハンター』という元素を扱った番組が制作され、さらには『スイヘイリーベ ～魔法の呪文～』という歌もあります。

　2019年は、メンデレーエフが元素の周期律を発見してから150周年に当たることから、UNESCOによって国際周期表年（International Year of the Periodic Table of Chemical Elements: IYPT）と宣言されました。日本だけでなく、世界中でさまざまなイベントが開催されました。フランスで始まったこのイベントは日本で閉会式が行われ、その様子をホームページで見ることもできます。

　このように元素はなぜか大人気。なぜでしょうか。

　元素には、その性質だったり歴史だったりに人を引き付けるキャラクターがあるためだと私は考えます。また、時代とともに元素の使用方法も変わるため、新たな情報を紹介するために毎年何かしらの本が出版されているのではと思います。

　中学校で元素を学んだから好きになった、という人は少ないかもしれませんが、このように本、アニメ、歌…など、いろんなきっかけで元素に興味をもった人がいると思います。宝石から元素好きになる人もいますね。

　この本では、そんな元素のおもしろい話題をひとつずつ見開きページにまとめ、簡潔な文章とイラストを使ってわかりやすく説明してあります。順番に読んでいく必要もなく、興味をもったページからすぐに読めるように工夫してあります。学び直しにも最適です。空き時間に読むことができます。興味がでたら専門的な本もあるので、そちらでより詳しく学んでください。

　元素を知ると、身の回りの原理がよくわかるようになります。納得することが増えると思います。知り合いにも教えたくなるかもしれません。この本で楽しい毎日が過ごせるようになることを願っています。

山形大学理学部 教授　栗山恭直

もくじ

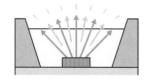

1章 元素の基本と気になるあれこれ

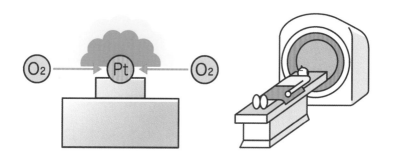

2章 なるほど！とわかる 身近な元素の話 ⋯⋯⋯⋯ 89 ▼ 146

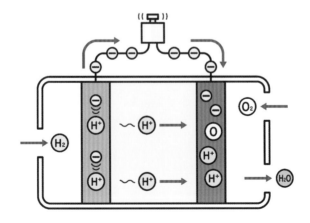

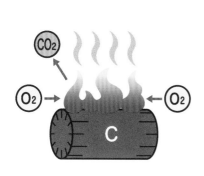
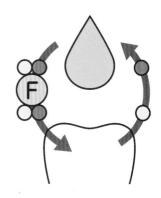

1章

元素の基本と
気になるあれこれ

「水素」「酸素」「マグネシウム」「アルミニウム」など、
身近でよく聞くこれらは「元素」といいます。
「元素」ってなんなのでしょうか?
周期表から活用例まで、あれこれ見ていきましょう。

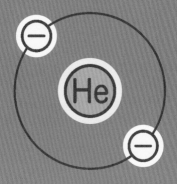

01 そもそも「元素」って何？どういうもの？

なるほど！ 同じ化学的性質をもった小さな粒の種類名。組み合わせで性質も変わる！

物を構成する元素、原子、分子…言葉はなんとなく知っている人も多いと思いますが、「元素」ってどういうものなのでしょうか？

物質は、小さな粒が集まってできています。例えば、1円玉はアルミニウム原子という金属の粒がたくさん集まったもので、水は水素原子という粒と酸素原子という粒がくっついてできた水分子がたくさん集まったものです。**1円玉や水をつくる小さな粒は「原子」**と呼ばれ、水素、酸素、アルミニウムといった**粒の種類をあらわす名前を「元素」**と呼びます〔**図1**〕。この世にある物質は、お金も水も人間も太陽も、すべて元素でできているのです。

元素は現在118種類が存在するとされ、それぞれ違った化学的性質をもっています。同じ元素同士がくっつけばその元素と同じ性質をもつ物質になりますが、違う元素がくっつくと、くっつく相手によって元の元素とは性質が違うものに変わります。例えば、酸素と水素をくっつけると水になりますが、このようにはじめの物質とは別の物質ができあがる変化を**「化学反応」**といいます〔**図2**〕。

人はいろいろな元素を化学反応させて、合金やエネルギーや薬など、私たちの暮らしに役立つ便利な性能をもつ物質をつくり出してきました。元素の研究で、人は文明を発達させてきたのです。

元素は、原子の種類をあらわす

▶ 粒が「原子」、その種類が「元素」〔図1〕

物質を切り分けていくと、目には見えない小さな粒になる。物質を形づくる小さな粒を「原子」、原子の種類をあらわす名前を「元素」と呼ぶ。

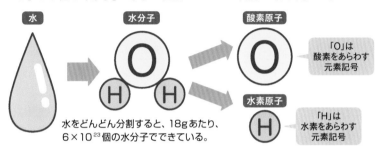

水

水分子

酸素原子

「O」は酸素をあらわす元素記号

水をどんどん分割すると、18gあたり、6×10^{23}個の水分子でできている。

水素原子

「H」は水素をあらわす元素記号

▶ 化学反応とは?〔図2〕

物質と物質を反応させ、はじめの物質とは別の物質ができあがる現象。化学反応を用いて、便利な性能をもつ物質がつくれる。

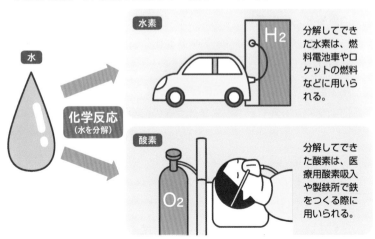

水

化学反応
（水を分解）

水素

H_2

分解してできた水素は、燃料電池車やロケットの燃料などに用いられる。

酸素

O_2

分解してできた酸素は、医療用酸素吸入や製鉄所で鉄をつくる際に用いられる。

元素の基本と気になるあれこれ **1**章

02 元素の種類は どれぐらいある?

現在は **118種類**見つかっており、
理論上は **172種類**の元素があるかも！

　元素は、いったいいくつあるのでしょうか？

　「物質は何からできているのか」。人間はこの問題に紀元前から取り組んできました。ギリシャの哲学者たちは思考をめぐらせ、**「物質は火、水、空気、土の4つの元素から構成される」**という4元素説を唱えます。この考え方は17世紀まで信じられたとされます。

　1661年にイギリスの化学者ボイルはこの4元素説を否定、**「元素はいかなる手段によってもそれ以上に分割できない物質」**と定義します。以降の化学者たちは、物質を燃やしたり水に溶かしたりして、自然界からの元素探しを進めました。1789年、フランスの化学者ラヴォアジェは33種類の元素を提案しました。以降、電気分解や分光法といった化学分析法によって次々に元素が発見され、19世紀半ばまでに63種類の元素が発見されます。

　1869年、ロシアの化学者メンデレーエフが発表した**元素周期表**によって、未発見の元素が次々に見つかり、1925年までに92番までの元素のほとんどが天然の物質から発見。さらに93番元素以降は、加速器の発明で**人工的に元素をつくりだすことに成功**します。現時点で**118種類の元素**が見つかっており、現在も元素探しは続けられています〔**右図**〕。理論上、172種類はつくり出せるとされます。

理論上172種類の元素がある

▶ 元素発見のおもな歴史

1 4元素説

前5世紀頃のギリシャの哲学者エンペドクレスは、万物は火、水、空気、土の4元素からできると考えた。

2 ラヴォアジェ提案の33元素

1789年、フランスのラヴォアジェは著者『化学原論』で、33の元素（単一物質）を提案した。

自然界にある元素	●光　●熱素　●酸素　●窒素　●水素

金属元素	●アンチモン　●銀　●ヒ素　●ビスマス　●コバルト　●銅 ●スズ　●鉄　●モリブデン　●ニッケル　●金　●白金　●鉛 ●タングステン　●亜鉛　●マンガン　●水銀

非金属元素	●硫黄　●リン　●炭素　●塩酸基　●フッ酸基　●ホウ酸基

土類の元素	●石灰　●マグネシア（マグネシウム）　●バリタ（酸化バリウム） ●アルミナ（酸化アルミニウム）　●シリカ（二酸化ケイ素）

※現在では元素と扱われていないものも含まれる。

3 元素周期表の発見

1869年、ロシアの化学者メンデレーエフは当時知られていた63種類の元素から周期性を発見し、元素の周期表を考え出した。周期表には未発見元素が入る空欄が設けられ、新元素発見の手がかりとなった（⇒P20）。

4 人工元素

1936年、アメリカで加速器によって、テクネチウムという人工元素が合成された。現時点で原子番号118番までの元素の合成に成功している（⇒P42）。

$$_{42}Mo + {}_1^2H$$
$$\rightarrow 43\ ?$$
NEW

元素の基本と気になるあれこれ　**1章**

Q 最も多くの元素を見つけた人、その数はいくつ？

| 3個 | or | 6個 | or | 9個 | or | 12個 |

古来より、世界にはどんな元素が眠っているのか、たくさんの研究者が探し求めてきました。さて、これまでで一番たくさん元素を見つけた人は誰で、その数は何個なのでしょうか？

　この世にどんな元素があるのか、古くは錬金術師から現代の化学者までがこぞって元素を探し求め、**現在では人工元素を含めて118種類の元素が見つかっています**。その中で、最も多くの元素を見つけたのはどんな人物で、何種類の元素を見つけたのでしょうか？
　最も多くの元素を発見したのは、**アメリカの化学者シーボーグ**で

す。彼を中心とするカリフォルニア大学バークレー校の研究グループは、加速器（電子や陽子などの粒子を加速させる装置）を使い、1940年〜58年にかけて原子番号92番ウランより重い元素のうち、9個を人工元素として合成・発見しました。

ちなみに、次に多いのは、**イギリスの化学者デービー**です。彼は1800年頃に発明されたボルタ電池を使い、1806年〜07年にかけてさまざまな物質を電気分解し、6個の元素を発見しました。3番目に多いのは5個で、**イギリスの化学者ラムゼー**。貴ガス元素を次々に発見し、1904年にノーベル化学賞を受賞しています。ということで、正解はシーボーグの「9個」です。

元素の発見者ベスト3

発見者	発見数	発見した元素
グレン・シーボーグ	9個	●プルトニウム ●アメリシウム ●キュリウム ●バークリウム ●カリホルニウム ●アインスタイニウム ●フェルミウム ●メンデレビウム ●ノーベリウム
ハンフリー・デービー	6個	●ナトリウム ●カリウム ●マグネシウム ●カルシウム ●ストロンチウム ●バリウム
ウィリアム・ラムゼー	5個	●アルゴン ●ヘリウム ●クリプトン ●ネオン ●キセノン

元素発見者という名誉は、たいてい鉱物や気体などの混合物から元素の単体を取り出した（単離した）人物に与えられます。ただし、元素の単離はとても難しく、単離の技術が追いつかず、不可能だったものも少なくありません。**スウェーデンのシェーレ**は塩素、酸素、窒素といった元素を発見した化学者ですが、単離はできなかったもののモリブデン、タングステン、マンガン、バリウムを含む新物質を見つけ出し、これら元素の発見に道筋をつけた人物です。

元素発見の影には、シェーレのような、たくさんの化学者の試行錯誤の歴史が隠れていることは見逃せません。

03 「原子」と「元素」って何が違うの?

「**原子**」は物質を構成する粒のこと。
「**元素**」はその粒の種類をあらわす!

　元素と原子…。どちらも物質の小さな単位ということはわかりますが、どんな違いがあるのでしょうか?

　「原子」とは、物質を構成する実体のある粒のこと〔**図1**右〕。目には見えません。陽子と中性子からなる「原子核」と「電子」からできていて、水素原子なら陽子は1個、酸素原子なら陽子は8個と、陽子の数によって、「原子の種類」と「酸化や還元といった化学反応に対する性質（化学的性質）」が変わります。

　「元素」は、原子の中で陽子の数が同じもののくくりで、水素や酸素といった「原子の種類」をあらわす名前〔**図1**左〕。また、元素の一覧表である「周期表」（➡P20）では、酸素は「O」という「元素記号」であらわされます。また同じ元素でも、質量が異なる「**同位体**」と呼ばれるものがあります〔➡P18**図2**〕。**陽子の数が同じなのに、中性子の数が違うため、同じ元素なのに質量が異なる**のです。同位体同士の化学的性質は、ほぼ同じです。

　例えば、水素原子には3種類の同位体があり、どれも化学的な性質はほとんど変わりません。しかし、それぞれ質量が違うため、酸素とくっついて水に化学変化したとき、普通の水より軽い「軽水」や重い「重水」となり、物理的な性質が違ってくるのです。**現在同位**

「元素」はその原子の種類をあらわす

▶ 元素と原子の違い〔図1〕

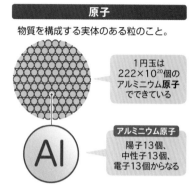

元素

陽子の数が同じ原子のくくりで、原子の種類をあらわす。

1円玉は金属元素のアルミニウムでできている

アルミニウムの元素名
「アルミニウム (aluminium)」

アルミニウムの元素記号
「Al」

原子

物質を構成する実体のある粒のこと。

1円玉は222×10²⁰個のアルミニウム原子でできている

アルミニウム原子
陽子13個、中性子13個、電子13個からなる

Al

体を含めた原子は約3,000種類、元素は118種類存在します。

それでは、原子はどんな形をしているのでしょうか?

原子には原子核があり、そのまわりに電子が「雲のように」ぼんやりと存在します（＝電子雲）。電子の数は元素によって異なります。水素は電子1個、炭素は電子6個と、**陽子の数と電子の数は等しくなります**〔➡P19図3〕。電子は原子核のまわりに層に分かれて存在していて、その層を**「電子殻」**と呼びます〔➡P19図4〕。そして、最も外側の電子殻にある電子（最外殻電子）の数が、元素の性質を決める役割をもちます。

原子の大きさは元素で異なりますが、例えば炭素原子の原子半径は70pm※。ゴルフボールと炭素原子の大きさの比は、地球とゴルフボールの大きさの比と同じです。原子核はさらに小さく、原子核を2mmの球に例えると、原子は野球場の大きさです。

※ピコメートルは1兆分の1メートル。

元素の基本と気になるあれこれ **1章**

同じ元素でも「陽子の数」で違いが出る

▶ 同位体について〔図2〕

陽子の数が同じで、中性子の数が異なる原子のこと。原子の重さは陽子と中性子の数で決まるため、同位体は中性子の数だけ質量が異なる。

軽い ← → 重い

水素（軽水素）
（質量数1の安定同位体）

電子1個
陽子1個

天然に存在する水素原子はほとんどが「水素（軽水素）」で、存在比は99.9%となっている。

重水素（デューテリウム）
（質量数2の安定同位体）

電子1個
陽子1個　中性子1個

天然に存在する水素のうち0.02%が重水素。重水素を多量に含む「重水」は実験、中性子の減速材に。

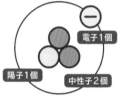

三重水素（トリチウム）
（質量数3の放射性同位体）

電子1個
陽子1個　中性子2個

天然にごくわずかしか存在しない。半減期（➡ P78）は約12年。宇宙線と大気の反応、核実験などで生成。

重さは違うけど、どれも同じ「水素」の元素！

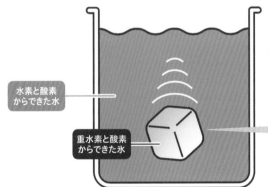

水素と酸素からできた水

重水素と酸素からできた氷

沈む

水素と酸素からできた水に、重水素と酸素からできた水でつくった氷を浮かべると、氷は沈む（密度が大きいため）。

▶ 原子の構造 〔図3〕

原子は、原子核と電子でできている。陽子の数で元素の種類は決まる。また、陽子の数と電子の数は同じ。

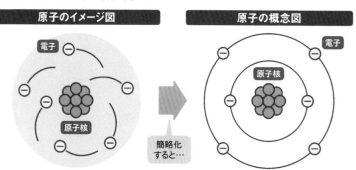

原子のイメージ図

電子 ⊖

原子核

簡略化
すると…

原子の概念図

電子 ⊖

原子核

炭素原子は、陽子6個、中性子6個のまわりに、電子が6個、雲のように存在している。

炭素原子は最も外側の電子殻に4個の電子が入り、この数が化学的性質に影響する。

▶ 電子殻とは？ 〔図4〕

原子の中で、電子が位置する場所は決まっており、これを電子殻と呼ぶ。最も外側の電子殻にある電子（最外殻電子）の数により、その元素の化学的性質が決まる。

カルシウム原子は電子を20個もち、K殻に2個、L殻に8個、M殻に8個、N殻に2個の電子を配置している。

Ca

K殻
L殻
M殻
N殻

電子の定員が
2個の電子殻

電子の定員が
8個の電子殻

電子の定員が
18個の電子殻

電子の定員が
32個の電子殻

電子殻の定員は、
50、72、98と増えていく

元素の基本と気になるあれこれ **1**章

「周期表」って何？①
なんのためにつくられた？

なる
ほど！

元素を見やすく整理した表。
未発見の元素を探す手掛かりにもなる！

学校の授業で習う周期表。なんのためにつくられたのでしょうか？

現在よく見る元素の周期表は、たくさんの化学者による**「発見された元素を整理しよう」**という試行錯誤からできあがったもの。

1810年頃にスウェーデンの化学者ベルセリウスが、元素の原子量（原子の質量）を測り始めたことから始まります。1864年には、原子量の順に並べると8番目ごとに似た性質をもつ元素があらわれることにイギリスの化学者ニューランズが気づきました。

この**「元素の周期的繰り返し」**に注目して元素を整理したのが、ドイツの化学者マイヤーとロシアの化学者メンデレーエフです。彼らは周期的にあらわれる「化学的性質が似た元素」をうまく並べて、メンデレーエフは当てはまる元素がない部分を空欄にしました。**空欄には「未発見の元素が入る」ことを予言したのです**〔**図1**〕。予言は当たり、空欄に当てはまる元素が次々に発見されました。

現在よく見る元素周期表は、メンデレーエフらの周期表と形は違い、**原子番号（元素の陽子の数）の順番に7つの周期で並べられています**〔**図2**〕。元素周期表を見ると、どの元素がどの元素と似ているのか、化学反応しやすい元素と化学反応しにくい元素はどれかなど、いろいろなグループをすぐ見つけられるのです〔➡P22**図3**〕。

▶ メンデレーエフの周期表〔図1〕

1869年につくられた周期表。横に化学的性質が似た元素が並べられ、当てはまる元素のない枠は「?」としている。

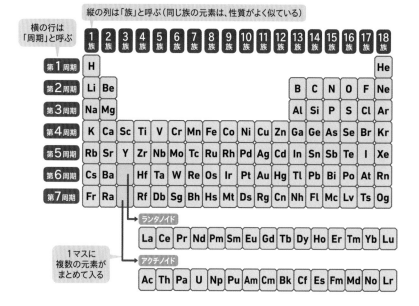

(予言)空欄に未発見の元素が入る

ガリウム発見（1875年）

スカンジウム発見（1879年）

ゲルマニウム発見（1885年）

```
                        Ti = 50      Zr = 90        ? = 180.
                        V = 51       Nb = 94       Ta = 182.
                        Cr = 52      Mo = 96        W = 186.
                        Mn = 55      Rh = 104,4    Pt = 197,4.
                        Fe = 56      Ru = 104,4     Ir = 198.
          H = 1        Ni = Co = 59  Pl = 106,6    O = 199.
                        Cu = 63,4    Ag = 108      Hg = 200.
    Be = 9,4 Mg = 24   Zn = 65,2    Cd = 112
    B = 11   Al = 27,4  ? = 68      Ur = 116      Au = 197?
    C = 12   Si = 28    ? = 70      Sn = 118
    N = 14   P = 31    As = 75      Sb = 122      Bi = 210?
    O = 16   S = 32    Se = 79,4    Te = 128?
    F = 19   Cl = 35,6 Br = 80      I = 127
Li = 7 Na = 23  K = 39 Rb = 85,4   Cs = 133      Tl = 204.
                Ca = 40 Sr = 87,6  Ba = 137      Pb = 207.
                 ? = 45 Ce = 92
              ?Er = 56  La = 94
              ?Yt = 60  Di = 95
              ?In = 75,6 Th = 118?
```

▶ 周期表の縦列と横列〔図2〕

周期表の横の行を「周期」といい、縦の列を「族」という。

縦の列は「族」と呼ぶ（同じ族の元素は、性質がよく似ている）

横の行は「周期」と呼ぶ

1族	2族	3族	4族	5族	6族	7族	8族	9族	10族	11族	12族	13族	14族	15族	16族	17族	18族
第1周期 H																	He
第2周期 Li	Be											B	C	N	O	F	Ne
第3周期 Na	Mg											Al	Si	P	S	Cl	Ar
第4周期 K	Ca	Sc	Ti	V	Cr	Mn	Fe	Co	Ni	Cu	Zn	Ga	Ge	As	Se	Br	Kr
第5周期 Rb	Sr	Y	Zr	Nb	Mo	Tc	Ru	Rh	Pd	Ag	Cd	In	Sn	Sb	Te	I	Xe
第6周期 Cs	Ba		Hf	Ta	W	Re	Os	Ir	Pt	Au	Hg	Tl	Pb	Bi	Po	At	Rn
第7周期 Fr	Ra		Rf	Db	Sg	Bh	Hs	Mt	Ds	Rg	Cn	Nh	Fl	Mc	Lv	Ts	Og

1マスに複数の元素がまとめて入る

ランタノイド
La	Ce	Pr	Nd	Pm	Sm	Eu	Gd	Tb	Dy	Ho	Er	Tm	Yb	Lu

アクチノイド
Ac	Th	Pa	U	Np	Pu	Am	Cm	Bk	Cf	Es	Fm	Md	No	Lr

元素の基本と気になるあれこれ **1章**

元素は118種類見つかっている

元素の周期表 〔図3〕

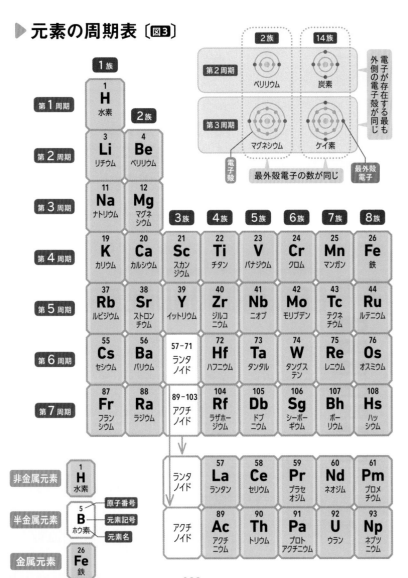

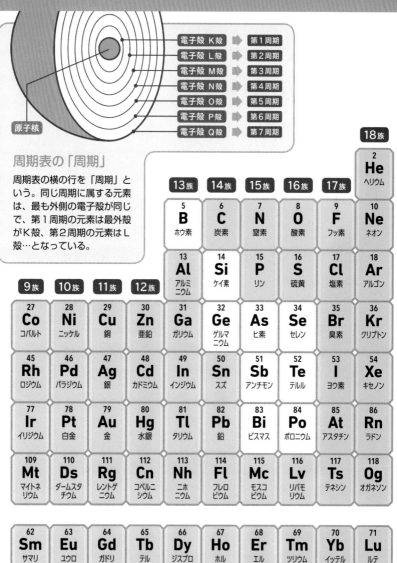

周期表の「周期」

周期表の横の行を「周期」という。同じ周期に属する元素は、最も外側の電子殻が同じで、第1周期の元素は最外殻がK殻、第2周期の元素はL殻…となっている。

電子殻 K殻 ➡	第1周期				
電子殻 L殻 ➡	第2周期				
電子殻 M殻 ➡	第3周期				
電子殻 N殻 ➡	第4周期				
電子殻 O殻 ➡	第5周期				
電子殻 P殻 ➡	第6周期				
電子殻 Q殻 ➡	第7周期				

原子核

05 「周期表」って何？②どんなルールで並んでる？

なるほど！ 縦に並ぶ元素は、**最外殻電子の数が同じ**なので、**性質が似るものが並んでいる！**

元素周期表の特徴のひとつに「**縦に並ぶ元素の性質は似ている**」というものがあります。**縦の列の並びは「族」**と呼びますが、なぜ同じ族の元素の化学的性質は似ているのでしょうか？

同じ族の元素を見てみると、最も外側の電子殻に入る電子（最外殻電子）の数が同じになっています。実は、**この最外殻電子の数が元素の化学的性質を決める**のです〔➡P26 **図2**〕。

一番左端の１族の元素は、水素を除いて「**アルカリ金属元素**」と呼ばれ、ほかの物質と化学反応しやすいという特徴があります。どれも最外殻電子の数は１個です。一方で、一番右端の18族の元素は「貴ガス」と呼ばれ、ほかの物質とほとんど化学反応しません。最外殻電子の数は８個です（ヘリウムだけ２個）。

電子配置には安定／不安定な状態というものがあります〔**図1**〕。閉殻（最も外側の電子殻が電子で満員の状態）していたり、最外殻電子が８個であるとき、電子は「安定した状態」となり、ほかの物質に電子を渡したりもらったりしないため、ほとんど化学反応しない性質となります。貴ガス元素がこれに当たります。

一方、貴ガス元素以外の元素は、最外殻の電子殻の一部に空きがあるため、電子は「不安定な状態」で、ほかの物質と反応する性質

▶ 安定／不安定な電子の配置 〔図1〕

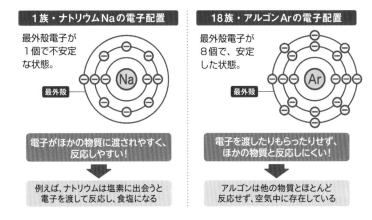

1族・ナトリウムNaの電子配置

最外殻電子が
1個で不安定
な状態。

最外殻

**電子がほかの物質に渡されやすく、
反応しやすい！**

例えば、ナトリウムは塩素に出会うと
電子を渡して反応し、食塩になる

18族・アルゴンArの電子配置

最外殻電子が
8個で、安定
した状態。

最外殻

**電子を渡したりもらったりせず、
ほかの物質と反応しにくい！**

アルゴンは他の物質とほとんど
反応せず、空気中に存在している

をもちます。実は原子には、ほかの物質に電子を渡したり、もらったりして、安定した電子配置になりたがる性質があります。なので例えば、最外殻電子が1個である1族元素の場合、電子がほかの物質に渡されやすい＝ほかの物質と反応しやすい性質となるのです。

　このように、**周期表で同じ族の元素たちは、最外殻電子の数で整理されているため、同じ族の元素の化学的性質は似る**のです。特に1族と2族、13族～18族の元素は、縦に並ぶ同じ族の化学的性質がよく似ていることから**「典型元素」**とも呼ばれます。

　ところで、なぜ同じ族の元素かがわかると便利なのでしょうか？例えば、スマホや電気自動車でリチウムイオン電池が広く使われていますが、リチウムはレアメタルといい、世界中が欲している物質です。万が一入手しづらくなった場合に備えて、リチウムを使わない電池の研究が行われており、同じ1族のナトリウムとカリウムを使った電池開発が進められています。このように同じ族の原子のつながりから、研究の方向を決めたりもできるわけです。

元素の基本と気になるあれこれ **1章**

同族の元素は性質が似ている

▶ 最外殻電子の数と族の関係〔図2〕

同じ族の元素の性質が似るのは、最外殻電子の数が同じだから。

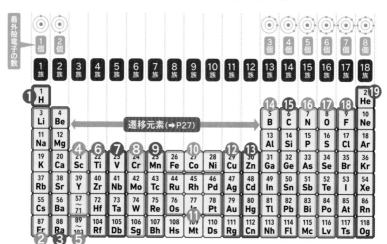

※ 104番以降の元素は、性質がよくわかっていない。

① 水素

1族のアルカリ金属元素の性質と異なるが、最外殻に1つの電子をもつため、この位置に置かれる。

② アルカリ金属
1族（水素を除く）

やわらかい金属元素。単体では、ほかの物質と激しく反応しやすい。電気・熱伝導率が高い。

③ アルカリ土類金属
2族

金属元素。ほかの物質と化学反応しやすい。アルカリ金属より硬く、融点・沸点が高い。

④ 希土類元素
Sc、Y、ランタノイド

スカンジウム、イットリウム、ランタノイドは、レアアースと呼ばれる金属元素。

⑤ アクチノイド
3族・第7周期

アクチニウム～ローレンシウムは徐々に原子核が壊れて、別の元素に変わる性質をもつ放射性元素。

⑥ チタン族元素
4族

チタン、ジルコニウム、ハフニウムは金属元素。表面に酸化被膜をつくり、さびにくい。

7 バナジウム族元素
5族
バナジウム、ニオブ、タンタルは金属元素。かたく、強靭でさびにくい性質をもつ。

8 クロム族元素
6族
クロム、モリブデン、タングステンは金属元素。ほかと比べて、比較的融点・沸点が高い。

9 マンガン族元素
7族
マンガン、テクネチウム、レニウムは金属元素。マンガン以外は存在量が少ない。

10 鉄族元素
8～10族・第4周期
鉄、コバルト、ニッケルは金属元素。常温で強い磁力をもつ。ほかの物質と反応しやすい。

11 白金族元素
8～10族・第5～6周期
存在量が少ない金属元素。天然から合金として一緒に産出される。化学反応の触媒に使われる。

12 銅族元素
11族
銅、銀、金は、延性、展性のあるやわらかい金属元素。天然からかんたんに得られる。

13 亜鉛族元素
12族
亜鉛、カドミウム、水銀は、銀白色のやわらかい金属元素。融点・沸点が低く、揮発しやすい。

14 ホウ素族元素
13族
ホウ素のみ半金属。ほかの4元素は金属元素で、岩石内に広く分布するため「土類金属」とも呼ぶ。

15 炭素族元素
14族
炭素は非金属元素だが、周期表中、下に行くにつれて金属的な性質が増えていく。

16 窒素族元素
15族
窒素は非金属だが、周期表中、下に行くにつれて金属的な性質が増える。炭素族より揮発性が高い。

典型元素
1～2族、13～18族の元素は同族の元素の性質がよく似ており、典型元素と呼ばれる。

遷移元素
3～12族の元素のほとんどは、最外殻電子が1～2個。遷移元素と呼ばれ、同じ族同士はもちろん、横に隣り合う元素とも似た性質をもつ。

17 酸素族元素
16族
酸素と硫黄は非金属元素だが、周期表中、下に行くにつれて金属的な性質が増える。

18 ハロゲン
17族
「塩をつくるもの」という意味をもつ。反応性が高く、金属と反応を起こして「塩」をつくる。

19 貴ガス
18族
常温で気体として存在。化学的に安定し、ほかの物質と反応しないため、「不活性ガス」とも呼ぶ。

元素の基本と気になるあれこれ **1章**

06 「周期表」って何？③ まとまった元素の正体は？

なるほど！ 性質がよく似た「ランタノイド」と、「アクチノイド」でグループ分けされている！

元素周期表で、複数の元素がひとまとめにされた枠があります。この2つは性質の似た元素をまとめたグループで、それぞれ「ランタノイド」と「アクチノイド」と呼ばれます〔**右図**〕。

3族・第6周期にまとめられたのが**「ランタノイド（ランタンに似た元素）」**。ランタンからルテチウムまでの15元素が入ります。**どれも電子配置が同じで、磁石になりやすい**など性質もよく似ているので、ひとまとめにされました。

3族・第7周期にまとめられたのが**「アクチノイド（アクチニウムに似た元素）」**。アクチニウムからローレンシウムまでの15元素が入ります。**どれも時間が経つと放射線を出して壊れ、別の元素に変わってしまう性質をもつ「放射性元素」**です。電子配置と化学的性質が似ているため、ひとまとめにされました。

ランタノイドは同じ3族のスカンジウム、イットリウムと合わせて希土類元素・レアアースと呼ばれ、磁石や医療用レーザーなど、現代の技術に欠かせない元素です。

一方のアクチノイドは放射線を出し、ウランやプルトニウムは核燃料に用いられています。アメリシウム以降の元素は人工的につくられた元素で、天然には存在しないとされます。

ハイテク産業に欠かせない元素

▶ 周期表でまとめられた元素

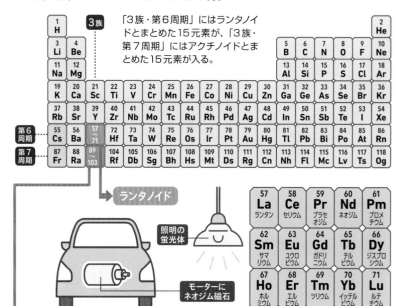

「3族・第6周期」にはランタノイドとまとめた15元素が、「3族・第7周期」にはアクチノイドとまとめた15元素が入る。

1 H																	2 He
3 Li	4 Be											5 B	6 C	7 N	8 O	9 F	10 Ne
11 Na	12 Mg											13 Al	14 Si	15 P	16 S	17 Cl	18 Ar
19 K	20 Ca	21 Sc	22 Ti	23 V	24 Cr	25 Mn	26 Fe	27 Co	28 Ni	29 Cu	30 Zn	31 Ga	32 Ge	33 As	34 Se	35 Br	36 Kr
37 Rb	38 Sr	39 Y	40 Zr	41 Nb	42 Mo	43 Tc	44 Ru	45 Rh	46 Pd	47 Ag	48 Cd	49 In	50 Sn	51 Sb	52 Te	53 I	54 Xe

第6周期
| 55 Cs | 56 Ba | 57〜71 | 72 Hf | 73 Ta | 74 W | 75 Re | 76 Os | 77 Ir | 78 Pt | 79 Au | 80 Hg | 81 Tl | 82 Pb | 83 Bi | 84 Po | 85 At | 86 Rn |

第7周期
| 87 Fr | 88 Ra | 89〜103 | 104 Rf | 105 Db | 106 Sg | 107 Bh | 108 Hs | 109 Mt | 110 Ds | 111 Rg | 112 Cn | 113 Nh | 114 Fl | 115 Mc | 116 Lv | 117 Ts | 118 Og |

ランタノイド

57 La ランタン	58 Ce セリウム	59 Pr プラセオジム	60 Nd ネオジム	61 Pm プロメチウム
62 Sm サマリウム	63 Eu ユウロピウム	64 Gd ガドリニウム	65 Tb テルビウム	66 Dy ジスプロシウム
67 Ho ホルミウム	68 Er エルビウム	69 Tm ツリウム	70 Yb イッテルビウム	71 Lu ルテチウム

照明の蛍光体

モーターにネオジム磁石

ランタノイド元素を複数含む鉱石をミッシュメタルといい、ライターの発火石などにも使われる。ネオジム磁石や医療用レーザーなどハイテク産業で多用される。

アクチノイド

ウラン、プルトニウムは核燃料に用いる。アクチノイドは放射線を出し、おもに実験・研究用に用いられる。

89 Ac アクチニウム	90 Th トリウム	91 Pa プロトアクチニウム	92 U ウラン	93 Np ネプツニウム
94 Pu プルトニウム	95 Am アメリシウム	96 Cm キュリウム	97 Bk バークリウム	98 Cf カリホルニウム
99 Es アインスタイニウム	100 Fm フェルミウム	101 Md メンデレビウム	102 No ノーベリウム	103 Lr ローレンシウム

核燃料　　研究用の元素

029

元素が織りなす 美しい絶景

元素名 炭素、窒素、酸素、硫黄、カルシウム、鉄、ヒ素、金、ラジウム

オーロラや鍾乳洞など、さまざまな元素の反応により大自然にあらわれる美しい景色を紹介していきます。

棚田のような石灰の段丘

「綿の城」を意味するトルコの温泉保養地パムッカレ。温泉が山肌を流れ落ち、温泉に含まれる炭酸カルシウムが沈殿して流れをせき止めることで、石灰棚を形づくった。 元素 カルシウム、炭素、酸素 など

太古より育つ鍾乳石

沖縄の鍾乳洞。石灰岩に染みた水が天井から落ちて、溶けていた石灰が固体になって鍾乳石、つらら石や石筍を形づくる。

元素 カルシウム、炭素、酸素 など

▶一般的に鍾乳石は100年に1センチ成長するとされる。

つらら

石筍

光の
カーテン

北極圏のオーロラ。宇宙から降り注ぐ電子が、大気の原子や分子にぶつかって発光する。高度によって色が変化し、高高度の酸素原子は赤色に、低高度の窒素分子はピンク色に輝く。

元素 酸素、窒素 など

大地から
沸き立つ噴煙

秋田の玉川温泉。微量に放射性元素ラジウムを含む鉱物が存在。ラジウム温泉として知られ、岩盤浴などに利用される。

元素 ラジウム

火山による
カラフルな湖沼

ニュージーランドのワイオタプ。「神聖な水」を意味し、火山活動でできた温泉や池がある。

元素 硫黄、鉄、ヒ素、金 など

◆悪魔の風呂

硫化水素と鉄塩が含まれる緑の池。悪臭がひどいという。

◆シャンパンプール

炭素ガスの泡で湧く熱水性噴火口。オレンジ色の縁はヒ素、金などを含む。

07 人間って、どんな元素でできている?

なるほど！　人の体を構成する要素の
約99%は11種類の元素でできている！

　人の体は、どんな元素からできているのでしょうか?

　人体の60%は水でできています。タンパク質（筋肉や内臓、酵素）や核酸（遺伝子）など固体部分は、生命活動で重要なはたらきをする有機化合物＝**生体分子**からできています。

　実は人に限らず、生命体が活動に使う元素は共通しています。生命活動に欠かせない、体内に多くある元素は**「主要11元素」**〔**図1**〕。生体分子は炭素、水素、窒素、酸素、リン、硫黄の元素を含むものが多いです。特に生命に不可欠な元素のことを、元素記号を並べて**「CHNOPS」**とあらわします。それ以外の、ナトリウム、カリウム、塩素、マグネシウムは、おもに体内の水に溶け込んでイオンとして存在し、生命活動で重要なはたらきをします。カルシウムはイオンとしてはたらくほか、体を支える骨の大事な材料ですね。

　人体を構成する元素の上位4元素で96%、上位11元素で約99%を占めています。残り1%の元素は人体になくても大丈夫そうに思えますね。しかし、この残り1%の元素も、生命活動にはなくてはならない必須なものが含まれます〔**図2**〕。実はこれ以外にも、フッ素やストロンチウムなど、人体に含まれるが「必須かもしれない」元素も多々あり、必須な元素の研究が進められています。

▶ 人体を構成する元素 〔図1〕

人体の約99%は、11種類の元素でできている。

酸素	炭素	水素	窒素
45.5kg／65%	12.6kg／18%	7kg／10%	2.1kg／3%
生命維持に必須。水、タンパク質などの生命体の主要材料	生命が使う炭素化合物（有機化合物）の材料	水、タンパク質、核酸、糖質などの生命体の主要材料	タンパク質、核酸などの生命体の主要材料

カルシウム	リン	硫黄（いおう）	カリウム
1.05kg／1.5%	0.7kg／1%	175g／0.25%	140g／0.2%
骨や歯の材料。筋肉のはたらきに関係	核酸、ATP、骨や歯の材料	毛髪、爪、皮膚などをつくるタンパク質の材料	細胞内液の浸透圧を調整

ナトリウム	塩素	マグネシウム	
105g／0.15%	105g／0.15%	105g／0.15%	
細胞外液の浸透圧を調整	胃酸の成分。体液の浸透圧維持	酵素の活性化、骨の成長に関係	※体重70kgの体内存在量

▶ おもな必須の微量元素・超微量元素 〔図2〕

体内の存在量は少ないものの、人体に必須な元素がある。

元素名	体内存在量	特　徴
鉄	6g	ヘモグロビンに含まれ、全身に酸素を運ぶ。
亜鉛	2.3g	タンパク質合成など代謝に関係。
ケイ素	2g	骨の成長や皮膚に必須とされる。
銅	80mg	ヘモグロビンに鉄を運ぶ。
マンガン	20mg	酵素のはたらきを促進。マンガンを含む酵素がある。
セレン	12mg	抗酸化酵素の成分。
ヨウ素	11mg	甲状腺ホルモンの成分。
モリブデン	10mg	尿酸の代謝、造血に関係。
ホウ素	10mg	必須微量元素。
クロム	2mg	糖質の代謝に関係。
コバルト	1.5mg	ビタミンB_{12}の成分。

※出典：桜井弘編「元素118の新知識」をもとに作成。

08 花火の色は元素で彩られている?

なるほど! 金属元素の「**炎色反応**」を利用して、**カラフルな花火の色**をつくり出している!

　夜空に咲く色鮮やかな打ち上げ花火。さまざまな色の火花を散らしますが、この輝きは元素の性質を利用したものです。

　打ち上げられる花火玉は、割薬と星からできています〔**図1**〕。黒色火薬でできた割薬の爆発で花火玉を破裂させ、星に火をつけて飛ばします。**星には黒色火薬とさまざまな金属粉が混ぜられていて、金属粉が燃え上がって花火の色をつくります。**

　例えば、銅の金属粉なら青の光に、ストロンチウムなら赤い光に輝き燃えます。金属元素を含む物質を燃やすと、元素の種類によってさまざまな色を放つのです。これを**「炎色反応」**といいます〔**図2**〕。

　原子を燃やすと、電子が熱エネルギーを吸収して高いエネルギー状態(励起状態)になります。この状態は原子にとって不安定な状態なので、電子が余分のエネルギーを放出して安定した状態に戻ろうとします。**このときに放たれる光の色が、花火の光として見えている**のです。

　炎色反応が見られる金属元素は限られ、花火師は金属元素をうまく組み合わせて花火をつくります。ナトリウムのように原子を発光させる色のほか、塩化バリウム(緑色)や塩化銅(青緑色)のように、分子から発光させる色もあります。

花火の色は金属元素の燃える色

▶ 花火のしくみ〔図1〕

黒色火薬で花火玉を破裂させ、金属元素を燃やして花火の色をつける。

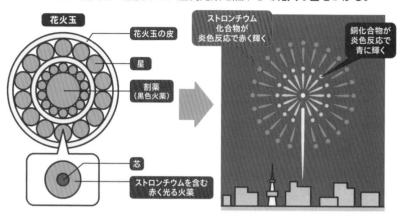

花火玉
- 花火玉の皮
- 星
- 割薬（黒色火薬）
- 芯
- ストロンチウムを含む赤く光る火薬

ストロンチウム化合物が炎色反応で赤く輝く

銅化合物が炎色反応で青に輝く

▶ 炎色反応とは?〔図2〕

金属元素を燃やすと特有の色を放つ現象。

外部から加わる熱エネルギー

1 原子に熱を加えると、エネルギーが高まり電子が外側に移動する（励起状態）。

光エネルギーを放出

2 励起状態は不安定なので、電子は元に戻ろうと、光エネルギーを放出して元の位置に戻る。

炎色反応が出す光の例

元素記号	元素名	色
Li	リチウム	赤色
Na	ナトリウム	黄色
K	カリウム	赤紫色
Mg	マグネシウム	白色
Al	アルミニウム	白色
Ca	カルシウム	橙赤色
Sr	ストロンチウム	紅色
Ba	バリウム	黄緑色
Cu	銅	青色
B	ホウ素	緑色
Ga	ガリウム	青色
In	インジウム	藍色

元素の基本と気になるあれこれ **1章**

09 ルビーもサファイアも 同じ鉱物でできている?

なるほど! 宝石に含まれる**不純物が色の正体**。**光を反射**して不純物の元素が輝く!

　赤く輝くルビー。青く輝くサファイア。それぞれに美しい色を湛えた宝石ですが、実は**この２つは同じ主成分をもった鉱物からできています**。これには、光のしくみが関係します。

　例えば、葉っぱが緑色に見えるのは、葉っぱに含まれる物質が赤色や青色を吸収し、反射した緑色の光だけが目に届くため。このように、含まれる物質の違いによって人の目に見える色は変わります。

　さて、宝石の場合、多くは**宝石に含まれるほんの少しの不純物＝金属元素によって色がつきます**〔**図1**〕。ルビーとサファイアは、コランダムと呼ばれる鉱物からできています。コランダム自体は酸化アルミニウムが集まった無色透明の結晶なのですが、**1％ほど金属元素のクロムを含むと、赤色に輝くルビーになる**のです。

　光が当たると、クロムの電子は緑色の光エネルギーを吸収して不安定な状態になります（励起状態）。クロムの電子はただちに安定した状態に戻ろうとし、このときに外部に赤い光としてエネルギーを放出するため、ルビーは赤色に輝いて見えるのです〔**図2**〕。

　サファイアも同様で、コランダムが1％程度のチタンと鉄を含むと、**チタンと鉄の原子によって青以外の光が吸収されるため、青色に見える**のです。

宝石の色は <u>1%の不純物</u>による！

▶ 宝石と元素の関係〔図1〕

だいたいの宝石の色は、不純物として含まれる金属元素が生み出す。

宝石名	主成分の元素	色を生む元素	宝石の色
ルビー	コランダム （アルミニウム＋酸素）	クロム	赤
サファイア		チタン、鉄	青
紫水晶	石英 （ケイ素＋酸素）	鉄	紫
紅水晶		チタン	ピンク
エメラルド	緑柱石 （ベリリウム＋ アルミニウム＋ケイ素 ＋酸素）	クロム バナジウム	緑
アクアマリン		鉄	青

▶ ルビーが赤いしくみ〔図2〕

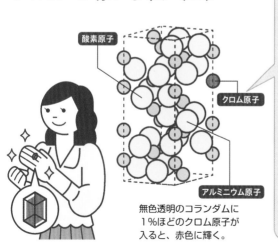

無色透明のコランダムに
１％ほどのクロム原子が
入ると、赤色に輝く。

酸素原子
クロム原子
アルミニウム原子

緑色を吸収！

クロムの電子が緑の光
を吸収して励起状態に。

赤色に発光！

電子が元の位置に戻る
際、赤い光を放出！

元素が彩る 美しい宝石

元素名 炭素、酸素、ナトリウム、アルミニウム、ケイ素、硫黄、カルシウム、チタン、クロム、マンガン、鉄

人々の心を魅了する美しい宝石を紹介。元素の違いで異なる宝石になるものもあるので、そのメカニズムにも触れてみましょう。

ルビーとサファイアは同じ石

コランダム 元素 アルミニウム、酸素

コランダムは酸化アルミニウムの鉱物で、ダイヤモンドに次いで硬い。クロムが混じると赤いルビーに。鉄とチタンが混じると青いサファイアになる。

ルビー	サファイア
コランダム＋クロム	コランダム＋鉄とチタン

黄金に次ぐ価値があった

ラピスラズリ

元素 ナトリウム、硫黄、アルミニウム、ケイ素 など

ナトリウム、硫黄など複数の鉱物が溶け合った石。青色は硫黄による発色。黄鉄鉱が混じると金の斑点が生じる。

▲古代エジプト人は、金銀に次ぐ価値をもつ石とした。

くるくる色が変化

10%ほど水を含むケイ酸塩鉱物（ケイ素と酸素が主成分）。本来は無色（乳白色）だが、不純物でさまざまな色があらわれ、向きを変えると色が変化する「遊色効果」をもつ石も。

オパール 元素 ケイ素、酸素

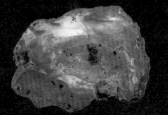

▶虹色に輝く遊色効果をもつ石を、プレシャスオパールと呼ぶ。

地中深くで生成

炭素の同素体。地中のマントルで高温・高圧になった炭素原子が強く結びつき、噴火などで一気に地表近くに移動することでつくられる。

ダイヤモンド 元素 炭素

▶キラキラするのは、屈折率が高く内部でよく光を反射するため。

元素で色が変化

ガーネットは柘榴石（ケイ酸鉱物）からつくられ、含まれる元素によって色を変える。「満礬柘榴石」はマンガンなどを含みオレンジ色に「灰礬柘榴石」はカルシウムなどを含み、クロムによって緑色になる石も。

満礬柘榴石（オレンジガーネット）

元素 マンガン、アルミニウム、ケイ素 など

灰礬柘榴石（グリーンガーネット）

元素 カルシウム、アルミニウム、ケイ素、クロム など

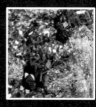

10 地球ってどんな元素でできているの?

なるほど! 地球の大部分は「マントル」。
重さ的には鉄と酸素がかなり多い!

地球は、どんな元素でできているのでしょうか?

地球は水と、大気と、地殻・マントル・核という固体部分に大きく分けられます。水の惑星と呼ばれるように、地表の3分の2以上は「海」です。海水の約97%が水、約3%が塩化ナトリウムや塩化マグネシウムなどの塩分からなります。また大気層の約78%が窒素、約20%が酸素、約0.9%がアルゴンからなります。ただし、水と大気は地球全体の重さから見ると、極めて少ないといえます。

固体部分を見ていきましょう。「**地殻**」はいわゆる地表で、**酸素とケイ素**を主成分とするケイ酸塩鉱物からできています。表層は軽い結晶性の花崗岩、深層は玄武岩や斑れい岩といった黒い岩石で、どちらもマグマ=マントルが溶けて冷え固まったものです。

地殻の下は「**マントル**」です。ケイ酸塩鉱物の一種で、**酸素とケイ素のほか、鉄とマグネシウム**が主成分のかんらん岩からできています。マントルは固体ですが、ゆるやかに動いています。そして、地球の「**核**」は、おもに**鉄とニッケルの合金**でできています。地球の芯である内核は固体で、外核は溶けた金属の液体です。

つまり、**地球の質量から見ると、地球の多くは鉄と酸素の元素からできている**ということですね〔**右図**〕。

地球の中心は鉄とニッケルの合金

▶地球のおもな元素と重量比

核（32.4%）
核の大きさは約3,500km。芯に当たる内核は固体で、外核は液体。中心は364万気圧、5,500度の高温。

気圏（0.00009%）
地球を包む大気層。約78%が窒素、約20%が酸素。

水圏（0.024%）
地球表面の水部分。その97%が淡水。海水は約3%の塩分を含む。

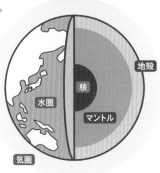

地球の各部分と重量比

地殻（0.4%）
大陸の厚みは30～60km。表面の花崗岩と深層の玄武岩（主成分は酸素、ケイ素）などからなる。

マントル（67.2%）
厚みは約2,900km。かんらん岩などケイ酸塩鉱物（酸素、ケイ素、マグネシウムなど）からなる。

※重量比は（B.Mason、1970）を参考にした。

固体地球の元素の重量比

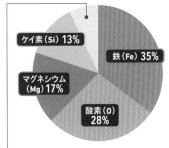

鉄（Fe）35%
ケイ素（Si）13%
マグネシウム（Mg）17%
酸素（O）28%

ニッケル（Ni）	2.7%
硫黄（S）	2.7%
カルシウム（Ca）	0.6%
アルミニウム（Al）	0.4%
その他	0.6%

地球全体で見ると、地球はおもに鉄と酸素でできているとわかる。

核の重量比

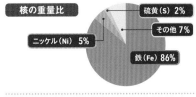

硫黄（S）2%
その他7%
ニッケル（Ni）5%
鉄（Fe）86%

マントルの重量比

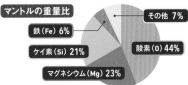

その他 7%
鉄（Fe）6%
ケイ素（Si）21%
酸素（O）44%
マグネシウム（Mg）23%

地殻の重量比

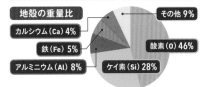

その他 9%
カルシウム（Ca）4%
鉄（Fe）5%
酸素（O）46%
アルミニウム（Al）8%
ケイ素（Si）28%

元素の基本と気になるあれこれ **1章**

11 人工元素って何？どうやってつくるの？

なるほど！ 人工元素は、**新元素探しの中で生まれたもの。**
人類初の人工元素は「**テクネチウム**」！

　古来より、人は元素を探し続けてきました。元素がもつ周期性に注目して元素周期表がつくられ、まだ見つかっていないけれど、存在するはずの謎の元素が空欄として残されました（⇒P20）。

　その空欄はどんどん埋められていきましたが、なかなか見つからない元素が残ってきました。すると研究者たちは「**自然界に見つからないのであれば、新しい元素を人工的につくり出せばよいのではないか**」と考えるようになりました。

　新元素は、**すでにある大きな元素に、陽子を取り込ませればつくれるのでは、と仮説が立てられます**。そして1937年、空欄の原子番号43番の元素をつくるために原子番号42モリブデンに重水素の原子核（陽子1個と中性子1個）を加速器〔**図1**〕でぶつけて、人工的に未発見の43番元素をつくったのです〔**図2**〕。この元素は**テクネチウム**。「人工的」を意味するtechnikos（テクニコス）から名づけられました。

　1940年時点では、原子番号92番のウラン以降の元素は空欄でしたが、**加速器を使って次々と人工元素が発見されていきます**。ちなみに、人工元素はすべて放射性元素で、ほとんどが天然には存在しません。現在、元素周期表は原子番号118番まで埋められ、研究者たちは原子番号119、120番目の元素の合成に挑戦中です。

人工元素は原子核をぶつけて合成

▶ 加速器の原理〔図2〕

加速器とは、電子や陽子などの粒子を電気や磁石の力で加速して、高いエネルギーの粒子にする装置。

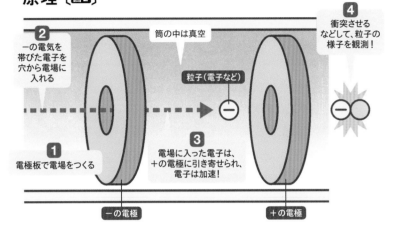

4 衝突させるなどして、粒子の様子を観測!

筒の中は真空

2 −の電気を帯びた電子を穴から電場に入れる

粒子(電子など)

1 電極板で電場をつくる

3 電場に入った電子は、+の電極に引き寄せられ、電子は加速!

−の電極

+の電極

▶ テクネチウムのつくり方〔図2〕

テクネチウムは、モリブデンに加速した重水素の原子核を照射する実験でつくられた。

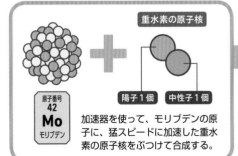

重水素の原子核

陽子1個　中性子1個

原子番号 **42** **Mo** モリブデン

加速器を使って、モリブデンの原子に、猛スピードに加速した重水素の原子核をぶつけて合成する。

テクネチウム誕生!

原子番号 **43** **Tc** テクネチウム

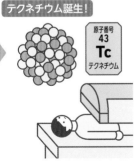

テクネチウムなど放射性元素を体内に投与し、病気の診断を行う「RI検査」で用いる。

12 日本の元素？「ニホニウム」とは

なるほど！ 亜鉛とビスマスをぶつけて合成した、原子番号113番の新元素！

日本の研究者も人工元素をつくっています。

人工元素づくりのカギを握るのは、**加速器**です。元素はそれぞれ固有の数の陽子をもっています。例えば、原子番号120＝陽子120個をもつ元素となります。そして**新しい元素をつくるということは、その数の陽子をもつ原子核を人工的につくること**です。加速器を使って原子核を加速させ、2種類の原子の原子核同士をぶつけてくっつけて、つくりたい陽子の数をもつ人工元素をつくるのです。

日本の理化学研究所が目指した人工元素は、「原子番号113番の元素」。**原子番号30番の亜鉛と83番のビスマスの原子核をくっつけて、陽子を133個もつ新元素をつくり出しました**〔**右図**〕。

しかし、原子核はとても小さいので、めったに衝突しません。実験では、亜鉛の原子核をビスマスに1秒間に2兆5,000億個ぶつけました。575日間ぶつけ続けて、最終的に3個の113番元素が合成されたのです。

113番目の元素は2004年にはじめて合成に成功し、2016年に研究チームは国名にちなんで**「ニホニウム（元素記号Nh）」**と名づけました。ニホニウムの寿命は1,000分の2秒と短く、どんな化学的性質をもつのかはよくわかっていないそうです。

日本の研究者が見つけた新元素

▶ ニホニウムができるまで

原子番号30の亜鉛と83番のビスマスをぶつけて、陽子133個をもつ原子番号113番の新元素が生まれた。

113番の元素をつくる原理

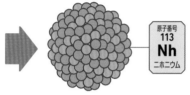

1 亜鉛の原子核を光速の10%まで加速して、ビスマスにぶつける。

2 うまくぶつかると、陽子113個をもつ原子核が合成され、ニホニウムが生まれる（すぐに消える）。

ニホニウムはこうやって見つかった

実験では、ニホニウムは合成されたあと、原子核崩壊を起こして、わずかな時間で次の元素へと姿を変える。研究チームは、この放射壊変の履歴を観測して、113元素があることを証明した。

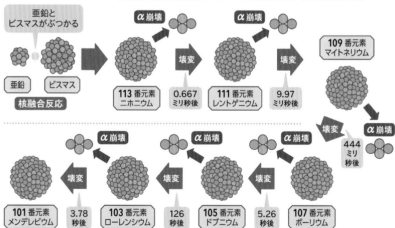

α崩壊とは、放射性元素が自然に別の元素に変わっていく現象のうち、α粒子（ヘリウム4の原子核）を放出して別の元素に変わる現象。実験では複数のα崩壊からなる113番元素からの崩壊連鎖を3例観測でき、ニホニウム発見に至った。

※出典：理化学研究所の資料をもとに作図。

元素の基本と気になるあれこれ **1章**

Q なぜ「ニッポニウム」でなく「ニホニウム」なの?

すでに使われていた	or	海外の研究者が発音しにくい	or	記号をNhにしたかった	or	語感がいいから

理化学研究所は113番元素を発見。元素の命名権を得て、「ニホニウム」という名前をつけました。ところで、なぜ「ニッポン」や「ジャパン」ではなく、「ニホン」をもとにした名前にしたのでしょうか?

　ニホニウムを発見したのは、理化学研究所の仁科(にしな)加速器研究センター超重元素研究グループ、森田浩介氏を中心とする研究グループです。学会に提案する候補名が「ニホニウム」に決まるまで、研究者の中ではさまざまな議論があったそうです。

　例えば、候補には**「ジャポニウム」**もあり、この新元素発見研究

を始めた2000年には「ジャポニウム計画」と呼ばれていました。しかし、日本語がよいのではないかと提案があり、候補から外れたそうです。

　では、なぜ「ニッポニウム」ではないのでしょうか？　実は、「**ニッポニウム」はかつて周期表に乗ったことのある元素名**だったのです。ロンドン大学に留学していた化学者小川正孝氏が、トリアナイトという鉱物から新元素を発見。1909年に43番元素「ニッポニウム」として周期表に掲載されました。

　小川氏は、「ニッポニウム」は42番モリブデンと44番ルテニウムの間にある43番元素と考えていましたが、残念ながら違っていました。1937年に43番元素は「テクネチウム」と判明。**ニッポニウムは周期表から削除されてしまいました。**

　実は、**元素の命名ルールには「過去に使われた名前は使えない」という規則**があります。そのため133番元素の名前に「ニッポニウム」が使えなかったのです。なので答えは「すでに使われていた」です。ちなみに、小川氏が発見した新元素は、のちの分析から43番元素の周期表の1つ下、75番元素**「レニウム」**という、当時未発見の新元素であったことがわかっています※。

幻のニッポニウム

1 小川氏は、発見した新元素を43番元素だと考え、「ニッポニウム」と発表（1909年）

2 43番元素は「テクネチウム」と判明（1937年）

3 「ニッポニウム」は当時の周期表より削除

4 のちに小川氏が発見した新元素は、実は75番元素だったと分析された！（2003年）

| 42
Mo
モリブデン | ?
43番
元素 | 44
Ru
ルテニウム |
| 74
W
タングステン | 75
Re
レニウム | 76
Os
オスミウム |

※レニウムの発見は1925年とされています。

元素の基本と気になるあれこれ　**1**章

13 鉛筆とダイヤモンド。同じ元素でできている?

 なるほど! 同じ「炭素」元素でできている。
同じ元素でも、構造が違うと性質が変わる!

　鉛筆の芯とダイヤモンドは、どちらも同じ元素である「炭素」でできた物質。すぐに折れる芯と、すごく硬いダイヤモンド、見た目も性質も違うのに、同じ元素からできているのって不思議ですね。

　同じ元素のみでできた物質を「単体」と呼びます。 この単体の中でも、**異なる性質をもつ物質を「同素体」と呼びます**〔**右図**〕。鉛筆の芯もダイヤモンドも、たくさんの炭素原子がくっついてできた物質ですが、炭素原子の並び方や結合のしかたで性質が変わります。

　鉛筆の芯は「黒鉛」と呼びます。 黒鉛は、炭素の原子が平面的につながり、その層が何枚も重なってできています。原子同士は、互いに電子を出し合って共有・結合する「共有結合」で強いのですが、炭素の層同士の結びつきは弱く、かんたんにはがれてしまいます。このは**がれやすい性質を使って、鉛筆の芯で文字を書く**わけです。

　一方のダイヤモンドは、炭素原子が立体的に規則正しく並びます。**原子同士ががっちり共有結合して離れない構造をしているので、とても硬い**のです。

　ほかにも、物質の構造によって性質が違ってくるものは多く、例えば酸素にも、無色無臭の気体「酸素ガス」と、生臭く人体に有害な「オゾン」という同素体があります。

原子の並び方が違えば性質も違う

▶ 同素体とは？

同じ元素からできている物質の中で、性質が異なる物質。炭素の同素体には「黒鉛」「ダイヤモンド」などがある。

黒鉛（鉛筆の芯）の構造

炭素原子の
平面的な層

層の間の
結びつきは
とても弱い

六角形の網目状に炭素原子が平面的にくっついて層をつくっている。層同士の結びつきは弱いため、自由に動く電子をもつ。

この構造による特徴
- 層がはがれやすい
- 黒い光沢がある
- 電気を通す

ダイヤモンドの構造

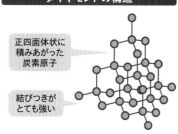

正四面体状に
積みあがった
炭素原子

結びつきが
とても強い

正四面体状に炭素原子が積みあがり、原子間ががっちり共有結合している。この構造により、自由に移動できる電子がない。

この構造による特徴
- 非常に硬い
- 無色透明で光沢あり
- 電気を通さない

ダイヤモンドの共有結合

非金属元素は電子を吸収し閉殻構造に近づく性質があるため、原子同士は電子を共有して結びつく（共有結合）。結合は強く、とても硬くなる。

炭素原子の
最外殻
電子は4つ

お互いのもつ電子を共有し、
原子同士が結びつく（共有結合）

C C C C C
C C C C C
C C C C C

14 照明と元素 ①
LED照明のしくみ

なるほど！ **ガリウム**など複数元素からできた、**化合物半導体の結合部**が光っている！

　私たちの暮らしを明るく照らす照明。どんな元素が関係しているのでしょうか？　まずは、LED照明について見てみましょう。

　LEDは**「発光ダイオード」**とも呼ばれ、電気を光に変換して光る装置です。2種類の半導体を貼り合わせて電流を流すと、半導体の材料や添加物によって、その接合部で光エネルギーが放出されるしくみです。LEDによく用いられるのは、金属元素の**ガリウムとヒ素、ガリウムと窒素**など、複数の元素からなる化合物半導体です。

　LEDが出す光は、この化合物で決まります。1962年にガリウム、リン、ヒ素からなる半導体で赤色に輝くLEDが発明され、その後、いろいろな元素の組み合わせで黄色、青色と発明されました。現在は、**白色やフルカラーで発光**できるようになっています〔**図1**〕。

　LED照明の白色光は、赤青緑の光からつくる方法もありますが、一般的なのはワンチップ法と呼ばれる方式のもの。**青色LEDの出す青色光で、黄色の蛍光体を発光させるしくみ**です〔**図2**〕。青色と黄色は補色の関係にあり、人間の目には青色と黄色が混じると白色に見えるのです。青色LEDには元素の**インジウムとガリウムと窒素**を用いた半導体が、黄色蛍光体には、元素の**セリウムを添加したイットリウムとアルミニウム酸化物**がよく用いられます。

青色LEDでフルカラーが実現

▶ LED照明のしくみと発明の歴史〔図1〕

LEDチップに電気を流すと、p型とn型半導体（→ P113）の接合部で電子と正孔（せいこう）がぶつかり、発光する。

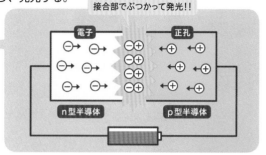

接合部でぶつかって発光!!

赤色LEDを発明	黄色LEDを発明	青色LEDを発明
1962年、アメリカの技術者ホロニアックが、ガリウム・ヒ素・リンを素材とした半導体で実現。	1972年、アメリカの技術者クラフォードが、窒素を添加したガリウム・ヒ素・リンを素材に実現。	1993年、日本の赤﨑勇、天野浩、中村修二が窒素・ガリウムを素材とした半導体で実現。

青色LEDの発明で白色光やフルカラー発光が実現!

▶ 白色光のLED照明のしくみ〔図2〕

LEDで白色を発光させるにはいくつか方法があり、青色LEDと黄色の蛍光体の組み合わせで、白色光をつくるワンチップ法が一般的。

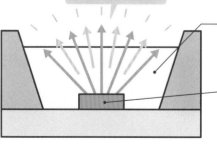

青と黄が混色し白色光に

黄色蛍光体
セリウムを添加したイットリウムとアルミニウム酸化物。

青色LED
インジウム・ガリウム・窒素を素材としたLEDを使用。

15 照明と元素②
電球などのしくみは?

なるほど! 白熱電球は熱で「金属元素」が光る。
蛍光灯は放電現象で光を放っている!

家庭用の照明の白熱電球と蛍光灯も、元素の力で光っています。

白熱電球は「熱」によって発光します〔**図1**〕。電球は電気が流れると、**タングステン**という金属元素でつくられたフィラメントが熱せられて発光します。電気として流れてくる電子がタングステン原子にぶつかり、その摩擦（原子の振動）で発熱・発光するのです。タングステンは高温で溶けにくく、かんたんには燃え尽きないので、電球には欠かせない元素です。すぐに燃え尽きないよう、化学反応しにくい元素**アルゴン**のガスを詰めています。

蛍光灯は、内部でつくられる「紫外線」を使って発光します〔**図2**〕。蛍光灯の電極には発光体、その内部には金属元素・**水銀**の蒸気が詰められ、管の内面には蛍光物質が塗られています。

ここに電気を流すと、電極から電子が放出され（放電といいます）、電子が水銀原子にぶつかると紫外線を出します。紫外線は目に見えない光なので、紫外線を蛍光物質に当てて発光させているのです。発光体には**タングステン**、蛍光物質には**アンチモン**や**マンガン**などを添加した**ハロリン酸カルシウム**（リン、カルシウム、フッ素など）が塗られます。実は、白熱電球はLED電球の普及で日本では生産中止に、水銀を使った蛍光灯も規制で生産中止になっています。

従来の照明ではタングステンが活躍

▶白熱電球のしくみ〔図1〕

発光体となるフィラメントに電気が流れ、熱をもつと光を発する。

発光体となるフィラメントを長持ちさせるため、ほかの物質と化学反応しにくい元素、アルゴンを気体として入れる。

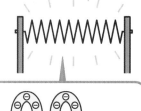

発光体は金属元素であるタングステン製。約2500℃に熱せられると光る！

電子の流れ

▶蛍光灯のしくみ〔図2〕

蛍光灯内でつくられる紫外線を光に変換する。

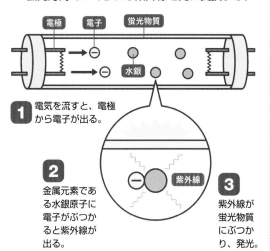

電極　電子　蛍光物質

水銀

1 電気を流すと、電極から電子が出る。

2 金属元素である水銀原子に電子がぶつかると紫外線が出る。

紫外線

3 紫外線が蛍光物質にぶつかり、発光。

なぜ紫外線が出る？

2で水銀原子に電子がぶつかり励起状態に。そして励起状態から元に戻る際、紫外線が放出される。

水銀に電子がぶつかると励起状態に

励起状態から元に戻るとき、紫外線が出る

元素の基本と気になるあれこれ **1**章

原子力発電では
どんな元素を使ってる?

なるほど! 中性子を当てると核分裂する性質をもつ
ウラン、プルトニウムなどを使っている!

　原子力発電では、どんな元素が使われているのでしょうか?

　原子力発電では、核燃料から出る熱エネルギーを使って水を沸騰させ、その水蒸気でタービンを回して発電を行います。**核燃料には、ウランやプルトニウムといった放射性元素が使われます**。どうやって熱エネルギーを生み出すのかを見てみましょう。

　核燃料がウランの場合は、同位体ウラン235を用います。中性子を当てると、原子核が分裂して莫大なエネルギーを発します。分裂時に核の破片2つと中性子が2〜3つ生まれ、この中性子をほかのウラン235にぶつけます。そうして分裂反応を連続させることで、次々に熱エネルギーを得ていくのです〔**図1**〕。**1グラムのウランから、石油2,000リットルを燃やしたのと同じくらいの熱が出ます**。

　原子炉では、中性子をうまくほかのウランにぶつけるために、「減速材」で速度を落とします。核分裂連鎖反応の開始と停止、出力の調整には、中性子をよく吸収する**ハフニウムなどの「制御棒」**を使います。減速材には普通の水が使われます。**ハフニウム**は金属元素で、中性子の吸収断面積が大きいという性質をもちます〔**図2**〕。

　プルトニウムは原子力発電の過程で生じ、ウランと混ぜた核燃料として使ったり、高速増殖炉でも用いたりします（➡P144）。

ウランやプルトニウムが核燃料に使われる

▶ 核分裂がエネルギーを生むしくみ〔図1〕

核分裂を連続させて、莫大なエネルギーを得る（核分裂連鎖反応）。

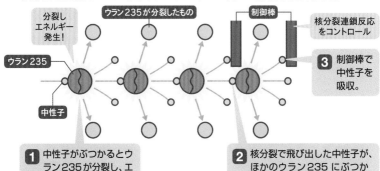

分裂しエネルギー発生！

ウラン235が分裂したもの

制御棒

核分裂連鎖反応をコントロール

ウラン235

中性子

3 制御棒で中性子を吸収。

1 中性子がぶつかるとウラン235が分裂し、エネルギーが生じる。

2 核分裂で飛び出した中性子が、ほかのウラン235にぶつかり、分裂が連鎖していく。

▶ 原子力発電のしくみ〔図2〕

火力発電同様、水を沸騰させて蒸気をつくり、タービンを回して発電する。

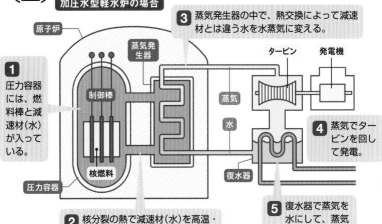

加圧水型軽水炉の場合

3 蒸気発生器の中で、熱交換によって減速材とは違う水を水蒸気に変える。

原子炉

蒸気発生器

タービン

発電機

1 圧力容器には、燃料棒と減速材（水）が入っている。

制御棒

蒸気

水

核燃料

圧力容器

4 蒸気でタービンを回して発電。

復水器

2 核分裂の熱で減速材（水）を高温・高圧にして、蒸気発生器に送る。

5 復水器で蒸気を水にして、蒸気発生器に戻す。

元素の基本と気になるあれこれ **1章**

Q 最初の元素が生まれたのは宇宙誕生からどれくらい？

1万分の1秒後	or	3分後	or	約38万年後

約138億年前に宇宙は誕生したといわれています。そして、一番最初にできた元素が、水素とヘリウムです。さて、この2つの元素、水素とヘリウムができるまでに、どのくらいの時間がかかったでしょうか？

元素とは、「水素」や「酸素」など「原子の種類」を指すものです（⇒P16）。つまり、原子の誕生＝元素の誕生といえますね。では、宇宙にどうやって元素＝原子が生まれたのか、見ていきましょう。

宇宙誕生の 10^{-36} 秒〜 10^{-34} 秒後に、ウイルスほどの大きさの空間が一瞬で 10^{26} 倍（1京の100億倍）に急膨張し、1京度の1兆倍と

いう温度の**「火の玉」**が誕生します。その中で光子や電子、ニュートリノなどの素粒子が生まれました。**素粒子とは、原子よりも小さい、物質を構成する一番小さな粒子のこと**。実は電子の正体は素粒子で、光も光子（光をつくる粒子）と呼ばれる素粒子です。

　超高温の火の玉は**「ビッグバン」**と呼ばれるさらなる急膨張を起こしながら、温度を下げていきます。**宇宙誕生から約1万分の1秒後**、クォークとグルーオンと呼ばれる素粒子から、陽子と中性子が生まれました。陽子は水素の原子核です。

　宇宙誕生から約3分後。火の玉の中で陽子と中性子がぶつかって核融合反応が生じ、ヘリウムの原子核が生まれました。この段階で原子をつくる材料、陽子と中性子と電子はそろいましたが、まだ原子は生まれていません。そして、**宇宙誕生から約38万年後**。宇宙の温度が5,000度ほどのとき、ヘリウム原子核と電子がくっついてヘリウム原子が生まれ、4,000度ほどのときに水素原子が誕生したとされます。**初期宇宙は重量比で、水素75%、ヘリウム25%になった**ようです。なので正解は、宇宙誕生から「約38万年後」です。

原子ができるまで

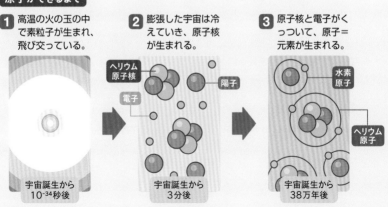

1 高温の火の玉の中で素粒子が生まれ、飛び交っている。

宇宙誕生から 10^{-34} 秒後

2 膨張した宇宙は冷えていき、原子核が生まれる。

ヘリウム原子核

電子

陽子

宇宙誕生から3分後

3 原子核と電子がくっついて、原子＝元素が生まれる。

水素原子

ヘリウム原子

宇宙誕生から38万年後

元素の基本と気になるあれこれ **1**章

17 星の爆発がいろんな 元素を生み出した？

 恒星の中心部で生じる**核融合反応**で、**炭素や鉄などさまざまな元素**が生まれた！

　　宇宙で最初に生まれた元素は水素とヘリウムです（➡P56）。それでは、ほかの元素はどうやって生まれたのでしょうか？

　　ビッグバンによって生まれた水素とヘリウムは、原子が互いに引き合って集まって「雲」をつくります。どんどん集まって中心部が高密度・高温になって原子核が融合し始めると、安定した核融合反応が起こり続けて、天体・恒星が誕生します。

　　この恒星の核融合反応により、さまざまな元素が生まれるのです。水素の原子核同士がくっつくと、ヘリウム原子核が生まれます。ヘリウムは中心部にたまって星をさらに重くし、温度をさらに上げていきます。やがて水素を使い果たして赤色巨星になる頃に、ヘリウム原子核による核融合反応が始まって、**炭素**が生まれます。

　　太陽くらいの質量の星であれば、ここで元素づくりが止まりますが、太陽より重い星では、炭素から**ネオン**、ネオンから**酸素**…と元素の合成が進み、**鉄**がつくられる頃に星は最期を迎えます。超新星爆発が起き、爆発のエネルギーでさらに鉄より重い元素が生まれて、星で生まれた元素が宇宙空間にばらまかれるのです〔**右図**〕。

　　こうして生み出された元素により、太陽や私たちの住む地球もつくられてきたのです。

超新星爆発がたくさんの元素を生み出す

▶ さまざまな元素が生まれた流れ

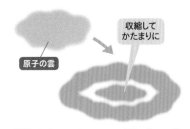

1 宇宙をただよう原子が引き合い、収縮してかたまりをつくる。

2 かたまりの中心で水素の核融合反応が起き、恒星が輝き始める。

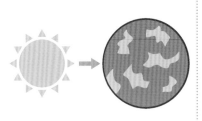

3 水素核融合反応でできたヘリウムが中心部にたまり、赤色巨星に。

水素
ヘリウム
炭素
ネオン
酸素
ケイ素
鉄

新しい核融合反応は内側で起きるため、前の反応で生じた元素は外側に位置し、元素の層ができる

4 重い星※では、次々に核融合反応が進む。

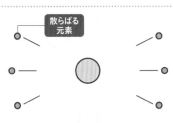

散らばる元素

5 星が爆発し、元素が宇宙空間にちらばる。超新星爆発では、さらに鉄より重い元素が生まれる。

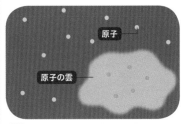

原子

原子の雲

6 宇宙空間にちらばった元素は、また原子の雲をつくり、次の世代の星の材料になる。

※質量が太陽より8倍大きな恒星の場合。

18 フッ素加工のフライパン。なぜ焦げにくい？

なるほど！ フッ素の、一度くっついたら
離れにくい性質を利用しているから！

　焦げ付きにくいフッ素加工のフライパン。ここには、「フッ素」元素の性質が活用されています。

　フッ素加工のフライパンは、**フッ素と炭素からなるフッ素樹脂でコーティング**されています〔**図1**〕。フッ素と炭素は共有結合でとても強くくっつきます。**フッ素は、分子内でほかの原子を引き寄せる力が全元素内で一番強く、さまざまな原子と固く結合します**。「原子同士が結合するとき、相手の電子を引きつける力」を電気陰性度というのですが、フッ素は全元素内で電気陰性度が最も高いのです。そのため、フッ素樹脂は一度くっついたらめったなことでは互いに離れることはなく、ほかの物質と新たに結合もしない、とても安定した物質になるのです。だからフライパンに食材が焦げ付きにくくなるのです。

　フッ素樹脂は1938年、アメリカのデュポン社が研究中に偶然発見したものです。発見したPTFE（ポリテトラフルオロエチレン）には、**テフロンという商品名**がつけられました。フッ素樹脂はさまざまな性質をもち、薬品への耐性から化学業界で、絶縁性の高さから電機産業などで幅広く活用されています。撥水性の高さから、アウトドアウェアなどでも使われます〔**図2**〕。

▶ フッ素加工フライパンのしくみ〔図1〕

ほかの物質と新たに結合しない、フッ素樹脂の性質を用いている。

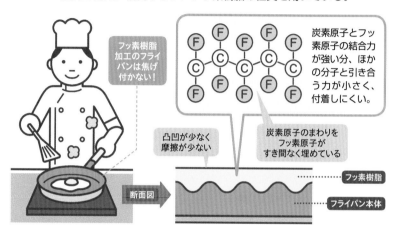

フッ素樹脂加工のフライパンは焦げ付かない!

炭素原子とフッ素原子の結合力が強い分、ほかの分子と引き合う力が小さく、付着しにくい。

炭素原子のまわりをフッ素原子がすき間なく埋めている

凸凹が少なく摩擦が少ない

断面図

フッ素樹脂

フライパン本体

▶ フッ素樹脂の活用例〔図2〕

フッ素樹脂は物質が付着しにくいほか、摩擦係数が小さい、紫外線で劣化しにくいなど、さまざまな性質をもつ。

防汚性

汚れが付着しにくく、摩擦が少ないので、タッチパネルのガラス表面がフッ素加工されることも。

非粘着性

物質がつきにくく、水をもはじく。フッ素加工した繊維を使い、アウトドアウェアの撥水性を実現。

耐候性

フッ素と炭素の結合は紫外線で切断されにくく、汚れもつきにくいため、天井膜にも使われる。

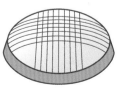

19 スマホはどんな元素でできている?

なるほど! 希土類元素を含む多くの元素からできている。タッチパネルは、**インジウム**が可能にした!

スマホには、どんな元素が使われているのでしょうか?

まず、スマホに使われる小型で軽量な大容量電源であるリチウムイオン電池は、金属元素の**リチウムやコバルト**などでできています。電気を蓄えたり放出したりする部品のコンデンサには、**タンタル**という金属元素が使われます。最初は白熱電球の発光体(フィラメント)に使われていましたが、タンタルを使ったコンデンサは小型・軽量化できるため、近年のモバイル機器に欠かせなくなっています。

また、モーターやスピーカーの磁石部分には、**ネオジム**など希土類元素も用います。このようにスマホの原材料には多くの金属元素が使われており、メーカーは原材料をなるべくリサイクル可能物質で賄おうと努力しています〔**図1**〕。

スマホは、画面を直接触って操作できますよね。主流は静電容量方式というしくみで、指で触れると変化する電気の量を測定してタッチ位置を読み取り、スマホに指示を与えています〔**図2**〕。

この技術のカギを握るのが「**透明電極**」です。**透明電極は、酸化インジウムスズ(ITO)という、インジウム、スズ、酸素の元素からできています**。薄膜にすると、透明になって電気を通す性質から、スマホのほか液晶テレビや太陽電池にも用いられます。

透明電極はインジウム製

▶ スマホの構成元素〔図1〕

スマホで使われるおもな金属元素は、以下の通り。

振動モーター
● ネオジム
● ジスプロシウム

コンデンサ
● タンタル など

ケース
● アルミニウム
● マグネシウム など

タッチパネル
● インジウム
● スズ

バッテリー
● リチウム
● コバルト

電子基板
● 金
● 銀
● 銅
● スズ

▶ タッチパネルのしくみ〔図2〕

酸化インジウムスズ製の透明電極で、タッチされた位置を検出している。

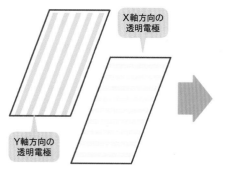

X軸方向の透明電極

Y軸方向の透明電極

1 X軸の位置を読み取る「X軸方向用透明電極」とY軸の位置を読み取る「Y軸方向用透明電極」を貼り合わせる。

2 指が触れた座標を、それぞれの透明電極が読み取り、タッチした位置を検出する。

元素の基本と気になるあれこれ **1**章

20 「鉄族元素」が 磁石の磁力の源?

なるほど！ **磁石本体**になれるのは「**鉄族元素**」。**電子の自転**が磁力を生んでいる！

　磁石にも元素が関係しています。磁石のしくみとともに見ていきましょう。

　磁石は原子サイズにまで分割したとしても、その一つひとつが磁石の性質をもちます。この磁力の源は、電子の自転（スピン）運動と周回運動から生じ、これを**電子磁石**といいます。

　元素の多くは、スピン方向が逆向きの2つの電子がペアを組んだ状態になるので、電子磁石の磁力は相殺されます。しかし、鉄族元素の**鉄**、**コバルト**、**ニッケル**は、同じ方向を向いて自転する電子が複数存在するので、磁力が発生するのです〔**図1**〕。**元素のうち、強磁性（外から磁気を与えると磁石になる性質）を示し、磁石の本体として使えるのは鉄、コバルト、ニッケルの3つ**です。

　世界の研究者は、資源量が多く価格も安い鉄をベースにほかの元素を加えて、強力な磁石の発見を目指してきました。その中でも、日本の研究者は、磁石の発明で多くの業績を挙げています。国産初の永久磁石**「KS鋼」**は本多光太郎氏と高木弘氏が、U字磁石やカラーマグネットなど身近で用いる**「フェライト磁石」**は加藤与五郎氏、武井武氏が発明。そして、現在最強の磁力をもつ**「ネオジム磁石」**は、佐川眞人氏らが発明した磁石です〔**図2**〕。

電子も磁力をもっている

▶ 磁石のしくみ〔図1〕

磁力は、原子内の電子から生まれている。

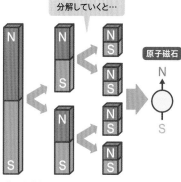

分解していくと…

原子磁石

磁石を分解していくと、原子磁石があらわれる。

ヘリウムの原子

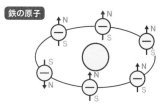

磁力は電子のスピンで生まれる（電子磁石）。ほとんどの原子はスピンが逆向きの電子がペアを組み、磁力は発生しない。

鉄の原子

鉄は同じ方向にスピンしている電子がいくつかあって、この性質が磁力を生んでいる。

▶ いろいろな磁石〔図2〕

KS鋼　1917年に発明された国産の永久磁石。コバルト、タングステン、クロムを含む鉄の合金。

フェライト磁石　1930年に発明された国産の永久磁石。酸化鉄を主原料にして焼き固めたもの。安くつくれる。

ネオジム磁石　1982年に発明された、ネオジム、鉄、ホウ素を主成分とする永久磁石。最強の磁石とされる。

フェライト磁石

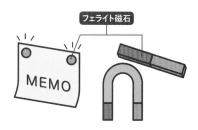

MEMO

ネオジム磁石（モーター部分）など

元素の基本と気になるあれこれ **1章**

元素が創り出す 美しい鉱石

元素名 炭素、酸素、リン、硫黄、カルシウム、鉄、銅、ヒ素、
ストロンチウム、白金、ウラン

ほとんどの元素は鉱石に含まれます。含まれる元素によって美しく色づき、形づくられる鉱石の姿を見てみましょう。

黄鉄鉱（パイライト）

硫化鉄の鉱物。よく金と間違えられた。パイライトはギリシャ語で「火の石」。昔は火打石に。

含まれる元素 硫黄、鉄

孔雀石（マラカイト）

銅の鉱物が風化してできた、塩基性炭酸銅からなる鉱物。断面を磨くとしま模様があらわれ、孔雀の羽根に似ることから名前がついた。

含まれる元素
銅、炭素、酸素 など

自然白金

砂状や塊状で天然から産出される白金の鉱物。イリジウムなどほかの白金族元素や鉄族元素を含む。

含まれる元素 白金 など

藍銅鉱（アズライト）

塩基性炭酸銅が主成分の鉱物。酸性で炭酸ガスが十分な環境にできやすい。青色の顔料に使われる。ブルーマラカイトとも呼ばれる。

含まれる元素
銅、炭素、
酸素 など

鶏冠石
けいかんせき

ニワトリのとさかを思わせる赤とオレンジ色の鉱物。光や湿度に弱く、長時間光に当たると色が変わり、粉末状になる。

含まれる元素 ヒ素、硫黄

燐灰ウラン石
りんかい

ウランを含む板状、うろこ状の結晶の集合体。紫外線を当てると、黄緑色の蛍光を発する。

含まれる元素
ウラン、カルシウム、リン など

磁鉄鉱（マグネタイト）
じてっこう

鉄の酸化鉱物。強い磁性をもち、細かく砕かれると砂鉄になる。少量のマグネシウムやマンガンを含むことも。

含まれる元素
鉄 など

天青石（セレスタイト）
てんせいせき

硫酸ストロンチウムを主成分とする鉱物。セレスタイトはラテン語の「天空」に由来。

含まれる元素
ストロンチウム、硫黄 など

元素の基本と気になるあれこれ **1章**

21 自動車にはどんな元素がはたらいている?

なるほど! 鉄やアルミニウムなどの金属元素のほか、排気ガスの除去に白金族元素が活躍!

　ガソリンエンジン自動車は約3万点のパーツからできており、さまざまな元素の性質が活用されています〔図1〕。

　エンジンやフレームをはじめ、最も使われる材料が、**鉄**と**炭素**からなる「**鋼**」です。耐熱性を重視するエンジンの排気部分にはステンレス鋼（鋼+**クロム**）、フレームには軽くて強度が高い高張力鋼（鋼+**ケイ素**や**マンガン**）など、鉄にさまざまな金属元素を混ぜて、いろんな性質のパーツを使い分けています。

　鉄より軽い金属であるアルミニウムは、自動車の軽量化のため、鉄パーツの代わりに用いられます。例えば、エンジン部品や駆動系には**アルミニウム・ケイ素・銅**の合金、ドアやトランクパネルは**アルミニウム・マグネシウム・ケイ素**の合金など、さまざまな金属元素を混ぜた合金が使われます。

　排気ガスの処理にも元素の性質が活用されています。ガソリンエンジンの燃焼ガスには、人体や環境に有害なガスが含まれます。これら物質がそのまま排気されないように、有害ガスを除去するフィルターがついています。フィルターには、**白金、ロジウム、パラジウムの白金族元素**が活用され、有害ガスが無害な気体に化学反応する際の触媒としてはたらいているのです〔図2〕。

軽量化のため鉄の代替が進む

▶ エンジン車で使われるおもな元素〔図1〕

内燃機関エンジン車では、数多くのパーツと元素が使われる。

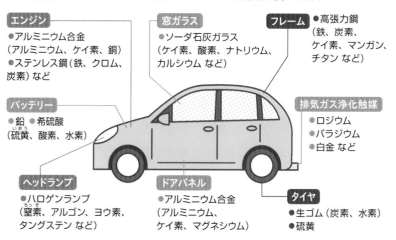

エンジン
- アルミニウム合金
（アルミニウム、ケイ素、銅）
- ステンレス鋼（鉄、クロム、炭素）など

バッテリー
- 鉛 ● 希硫酸
（硫黄、酸素、水素）

ヘッドランプ
- ハロゲンランプ
（窒素、アルゴン、ヨウ素、タングステン など）

窓ガラス
- ソーダ石灰ガラス
（ケイ素、酸素、ナトリウム、カルシウム など）

ドアパネル
- アルミニウム合金
（アルミニウム、ケイ素、マグネシウム）

フレーム
- 高張力鋼
（鉄、炭素、ケイ素、マンガン、チタン など）

排気ガス浄化触媒
- ロジウム
- パラジウム
- 白金 など

タイヤ
- 生ゴム（炭素、水素）
- 硫黄

▶ 排気ガス浄化触媒のしくみ〔図2〕

3種類の元素が、排気ガスの触媒（化学反応を促進）としてはたらく。

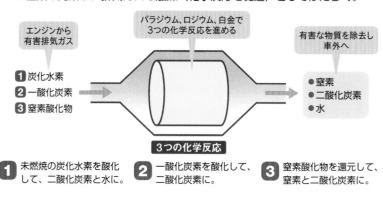

エンジンから
有害排気ガス

1 炭化水素
2 一酸化炭素
3 窒素酸化物

パラジウム、ロジウム、白金で
3つの化学反応を進める

有害な物質を除去し
車外へ

- 窒素
- 二酸化炭素
- 水

3つの化学反応

1 未燃焼の炭化水素を酸化して、二酸化炭素と水に。

2 一酸化炭素を酸化して、二酸化炭素に。

3 窒素酸化物を還元して、窒素と二酸化炭素に。

元素の基本と気になるあれこれ **1章**

22 超電導は元素が起こす？リニアのしくみ

なるほど！ チタンやニオブなど、**臨界温度が高い金属元素**が**超電導**に使われている！

　磁石の力で走るリニアモーターカー。どんな元素の性質を使って動いているのでしょうか？

　リニアモーターカーは、磁石で車体を浮かせて、時速500km超のスピードで走行します。**車体は、超電導電磁石で浮かせます**〔**図1**〕。超電導とは、ある温度以下の低温で、物質の電気抵抗がゼロになる現象です。この性質を利用して、極低温で冷やした、大電流を流せるとても強力な磁力をもつ超電導電磁石をつくったのです。

　JR東海の超電導リニア（実験線）の超電導電磁石は、金属元素である**ニオブとチタンからなる「ニオブ・チタン合金」を「液体ヘリウム」**で-269℃に冷やしたものを使用しています〔**図2**〕。チタンは強くて軽くてさびにくい金属元素で、ニオブは銀色の金属元素。ともに超電導現象を起こせる材料ですが、**特にニオブは、超電導体になる臨界温度が元素の中でも高い**ことから活用されています。**ヘリウムは、元素の中で最も低い融点をもち、最強の冷却材**といわれるものです。

　ちなみに、超電導電磁石のしくみはどんどん研究・改良が進んでおり、より高い温度で超電導状態が維持できるよう、電磁石や冷却材の材料探しが進められています。

電気抵抗がゼロになる超電導

▶ 超電導リニアのしくみ 〔図1〕

車体の両側につけた超電導電磁石が、走行路の電磁石と引き付けあったりして、車両を浮上させ、前進させる。

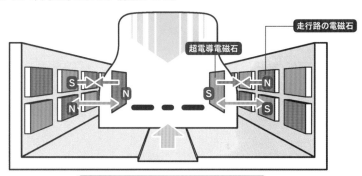

走行路の電磁石

超電導電磁石

1車両約25トンの重さが10cm浮く!

▶ 超電導電磁石とは 〔図2〕

ニオブ・チタン合金の電磁石を液体ヘリウムに漬け込んで冷却。コイルに大電流を流して磁力を発生させる。

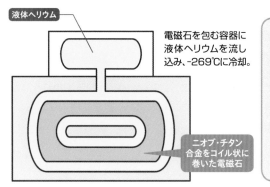

液体ヘリウム

電磁石を包む容器に液体ヘリウムを流し込み、-269℃に冷却。

ニオブ・チタン合金をコイル状に巻いた電磁石

より高温な超電導素材

電磁石に、ビスマスと銅からなる「ビスマス系銅酸化物」を使ったり、冷却材を使わない「伝導冷却」というしくみの冷却冷凍機を使った研究もある。

元素の基本と気になるあれこれ **1**章

23 医療機器に使われる元素って何?

バリウム検査やMRI検査では、
バリウム、水素などの性質を活用！

医療機器には、多くの元素の性質が活用されています。

バリウム検査は、造影剤として硫酸バリウムを飲んで胃腸の中に薄く広げて、X線を当てて胃腸を観察する検査法です。体にX線を当てると、骨などX線を吸収するものを影絵のように映し出します。そのため、普通のレントゲン（X線検査）では胃腸などの組織はX線が透過してしまい、様子がわかりません。実は**バリウム**は元素の名前。**X線を透過しないバリウムの性質を利用**するのです。そのままでは人体に害があるため、水にも酸にも溶けない硫酸バリウムにして、胃腸の輪郭を観察しやすくしています〔**図1**〕。

MRI検査は、体内の水素原子が出す電磁波を読み取り、体内の画像を映し出す検査法です。人間の体内には、骨や組織などいたるところに水素が存在します。原子核や電子は磁石の性質をもっており、バラバラの方向を向いています。MRIには巨大な磁石がついており、磁力をかけると水素原子は同じ方向にそろいます。そこに電波を当てると水素原子は動き出し、電磁波を発します。その**水素の動きの違いで病巣の位置を検査する**のです〔**図2**〕。

ほかにも、フッ素元素の同位体であるフッ素18など、半減期の短い放射性同位体を使ってがんを検出するPET検査などもあります。

実はバリウムは元素の名前

▶ バリウム検査のしくみ〔図1〕

X線を透過しないバリウムを使って、病巣を見つける検査法。

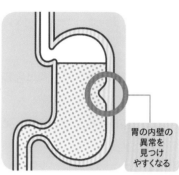

胃の内壁の異常を見つけやすくなる

硫酸バリウムを飲んでX線を当てると、胃にたまったバリウムが白く映る。

▶ MRI検査のしくみ〔図2〕

磁石と電磁波を使って、体内の水素原子の様子を撮影する検査法。

トンネルは巨大な磁石。ネオジム磁石やニオブとチタンを使った超電導電磁石を用いる。

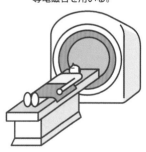

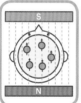

1
強力な磁力で体内の水素原子の向きを同じ方向にそろえる。

2
電波を照射すると電波エネルギーを吸収し原子が向きを変える。

動きが違う！病巣かも？

3
電波を止めると、原子は元に戻る際に電磁波を発する。そのときの動きで病気を検査。

元素の基本と気になるあれこれ **1章**

24 宇宙探査機で使われる元素は?

なるほど! 電源には**放射性元素**が使われ、エンジンには**貴ガス元素キセノン**が使われたりする!

　地球とはまったく違う宇宙空間。宇宙探査機では、どんな元素の力を活用しているのでしょうか?

　宇宙探査機では、地球と通信するための電力が必要です。そのために太陽光発電などを使いますが、太陽から遠ざかると光は弱くなって使えなくなります。そこで、**宇宙探査機の電源には原子力電池が搭載**されています。

　この電池は、温度差によって発電する**「熱電変換」**というしくみでできています。2種類の異なる半導体や金属をくっつけ、両端に温度差をつけると電気が生じるのです〔**図1**〕。宇宙探査機ボイジャーの原子力電池では、**放射性同位元素プルトニウム238**が壊れて変化する際に放出する熱と、宇宙空間との温度差で電気を得ます。半減期(➡ P78)が長く、長寿命の電池になるのです。

　ちなみに、日本が飛ばした小惑星探査機「はやぶさ」「はやぶさ2」では、電気の力で物質を加速して進む**イオンエンジン**が使われました。**キセノン**という貴ガス元素を推進剤に使います。原子に加えたエネルギーが効率よく加速に使われるため、キセノンが選ばれたのです。キセノンをイオン化し、そこに電圧をかけてキセノンイオンを加速・噴射し、その勢いで推進するしくみです〔**図2**〕。

イオンエンジンはキセノンが推進剤

▶ 原子力電池とは〔図1〕

放射性同位体の崩壊熱による熱電変換を利用した電池。

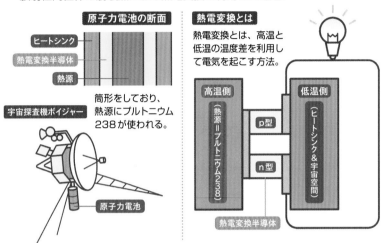

原子力電池の断面

- ヒートシンク
- 熱電変換半導体
- 熱源

宇宙探査機ボイジャー

筒形をしており、熱源にプルトニウム238が使われる。

原子力電池

熱電変換とは

熱電変換とは、高温と低温の温度差を利用して電気を起こす方法。

- 高温側（熱源＝プルトニウム238）
- p型
- n型
- 低温側（ヒートシンク＆宇宙空間）
- 熱電変換半導体

▶ イオンエンジンとは〔図2〕　電気の力で物質を加速して飛ぶ。

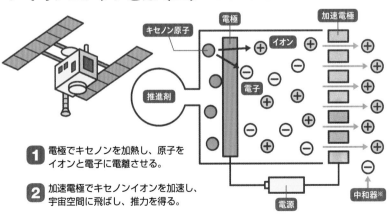

- キセノン原子
- 電極
- 加速電極
- イオン
- 電子
- 推進剤
- 電源
- 中和器※

1 電極でキセノンを加熱し、原子をイオンと電子に電離させる。

2 加速電極でキセノンイオンを加速し、宇宙空間に飛ばし、推力を得る。

※中和器…機体はマイナスに帯電するため、イオンの逆流を防ぐ装置をつける。

元素の基本と気になるあれこれ **1章**

25 元素の力で時計は正確に時を刻む?

クオーツ時計は酸素とケイ素で、原子時計はセシウムを使って1秒を測る!

昔から、正確さが重要な時計。実は、元素の力を活用することで、時計はより正確になってきているのです。

時計は、正確に時間を測るために、周期的な運動を基準にしてきました。一定のリズムで時間を刻む振り子時計などは古くからありますね。1927年に発明された**クオーツ時計は、水晶の振動を基準にして1秒を測ります**〔**図1**〕。水晶は石英（**酸素とケイ素**）という鉱物で、電気を流すと一定の周期で振動する性質があり、3万2,768回の振動を1秒としています。

原子時計は、原子がもつ固有の振動を基準にします〔**図2**〕。現在、正式に1秒の長さを決める原子時計に使われる元素は、**セシウム**の同位体セシウム133原子です。

1955年に開発された**セシウム原子時計は、1秒の定義を変えた時計**です。かつては地球の自転・公転速度を基準に1秒の長さを定義していましたが、この発明で天体の運動より原子時計の方が精度が高いとみなされました。現在の1秒の定義は「セシウム133原子が励起するマイクロ波が91億9,263万1,770回振動する時間※」です。誤差は2,000万年に1秒のものがあります。**現在の日本の標準時は、セシウム原子時計などを使って設定**されています。

※1秒の定義は簡略に表現しています。

原子時計が日本標準時をつくる

▶ クオーツ時計のしくみ〔図1〕

クオーツ時計は、水晶の振動を数えて時を刻む。

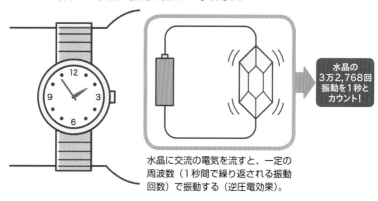

水晶の
3万2,768回
振動を1秒と
カウント!

水晶に交流の電気を流すと、一定の
周波数（1秒間で繰り返される振動
回数）で振動する（逆圧電効果）。

▶ 原子時計のしくみ〔図2〕

セシウム原子のもつ固有の振動を数えて、時を刻む。

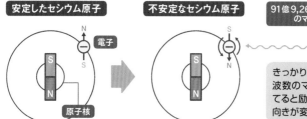

安定したセシウム原子

電子

原子核

不安定なセシウム原子

91億9,263万1,770Hz
のマイクロ波

きっかり9.2GHzの周
波数のマイクロ波を当
てると励起して、磁石の
向きが変わる。

周波数＝電波の振動回
数なので、マイクロ波の
91億9,263万1,770
回の振動を1秒と定義。

1 セシウム原子は原子
核と電子からなり、
どちらも磁石の性質
をもつ。安定した状
態では、互いに引き
付け合い、安定して
いる。

2 ちょうど9.2GHzのマイ
クロ波を当てると、セシ
ウム原子が励起して、磁
石の向きが不安定に変わ
る。この磁石の向きを変
える電波の周波数が、1
秒の定義に使われる。

元素の基本と気になるあれこれ **1**章

26 なぜ「1万年前の化石」とかがわかるの?

なるほど! 生物内の放射性同位体である**炭素14の数を調べると、生きていた年代がわかる！**

　よく発掘された遺跡が何年前のもの…とか発表されますが、どうやって調べているのでしょうか？　化石や遺跡が出土したときに何年前のものかを判断する年代調査には、**放射性同位体**を用います。よく使われるのが**「炭素14」による年代測定**です〔**右図**〕。

　炭素にはいくつかの同位体があり、地球上に炭素の同位体の存在する割合は決まっています。大気中に一定の割合で**炭素14**は含まれているのです。植物は光合成で二酸化炭素を取り込むため、大気と同じ割合で植物内でも炭素14が存在し、生きている限り大気からいつも供給されるため、体内の炭素14は一定になります。

　やがて植物が死ぬと、二酸化炭素を取り込めなくなり、植物内の炭素14は減っていきます。炭素14は不安定な原子核をもつ放射性同位体なので、時間の経過とともに原子核が崩壊し、窒素14に変わっていくためです。

　例えば、植物が生きていたときの炭素14の存在量を1とすると、5,730年で存在量は半分に減ります。この放射性同位体の量が半分になる時間を**半減期**といいます。この半減期を利用して、**植物の化石に含まれる炭素14と炭素12の数の比を調べる**ことで、植物が死んでどれくらい経ったのか、その年代が推定できるのです。

生きていた年代が炭素からわかる

▶ 炭素14を用いた年代測定法

動植物が死んでからどれくらいの時間が経ったのかを推定する方法。

1 大気中には、炭素の放射性同位体・炭素14が一定濃度で含まれる。動植物は大気から炭素14を取り込み、大気も動植物も炭素14が同じ濃度になっている。

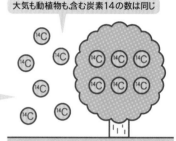

大気も動植物も、含む炭素14の数は同じ

大気中は、安定同位体の炭素12や放射性同位体の炭素14など、炭素原子が一定割合で存在

2 放射性同位体・炭素14は時間経過で壊変し、自然に量が減っていく。例えば、炭素14は5,730年経つと元の個数の半分になる（半減期）。

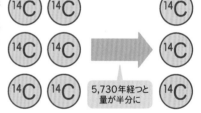

5,730年経つと量が半分に

3 動植物は死ぬと、大気から炭素14を取り込めなくなる。死んだ体内では、炭素14は減り続ける。

死んだ動植物の炭素14の量を調べれば、その動植物がいつ死んだかを調べられる！

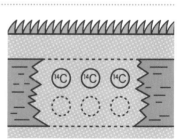

炭素14が半分になっているので、5,730年前に、この植物は死んだとわかる！

27 「レアメタル」って何？何に使われている？

なる
ほど！ 世界の産業に不可欠な**希少な金属元素**。
日本はほぼすべてを輸入に頼っている！

ニュースなどで聞く「レアメタル」って、なんなのでしょうか？

産業に有益な鉱物資源のうち、**埋蔵量が少なかったり、技術的やコスト的に採掘が難しい希少な金属元素を「レアメタル」と呼びます**。例えば、レアメタルのうち、**ネオジム**はモーター用磁石に、**リチウム**はバッテリーに不可欠です。どんな金属元素をレアメタルと呼ぶかは国や時代や研究者によって異なりますが、日本政府は存在量が少なく、抽出困難な金属のうち、**工業的需要が見込まれる34の鉱物、55元素をレアメタルとして備蓄しています**〔**図1**〕。

レアメタルの産地は一部の国に偏っています〔**図2**〕。例えば、レアメタルのうち**スカンジウム**、**イットリウム**、**ランタノイド**の3族17元素は**「レアアース」**と呼びますが、中国が世界全体の生産量の約60％を占めます。一方、日本はレアメタルのほぼすべてを輸入に頼っています。レアメタル資源国の都合で輸出規制をかけられると、価格高騰など大きな影響を受けてしまいます。

なので、レアメタルを安定供給できるよう、政府はいくつかの対策を行っています。資源国との関係強化や日本領海に眠るレアメタルの採掘のほか、レアメタルに頼らない代替材料を使った製品開発、廃棄される家電から鉱物資源を回収する動きも進んでいます。

レアメタルは世界中で偏って存在

▶ レアメタルの種類と用途 〔図1〕

世界の産業を支える鉱物資源で、産出量が少ないなど希少な金属。日本政府は、34鉱種55元素をレアメタルとして備蓄している。

おもな用途	元素
[特殊鋼]	●ニッケル ●クロム ●タングステン ●モリブデン など
[液晶]	●インジウム ●セリウム など
[電子部品(IC、半導体など)]	●ガリウム ●タンタル など
[希土類磁石・小型モーター]	●ネオジム ●ジスプロシウム など
[小型二次電池]	●リチウム ●コバルト など
[超硬工具]	●タングステン ●バナジウム など
[排気ガス浄化]	●プラチナ など

※出典：外務省資料を参考に作成。

▶ おもなレアメタル&重要鉱物の産出国 〔図2〕

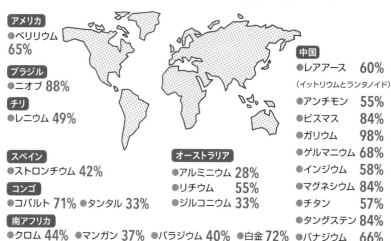

アメリカ
●ベリリウム 65%

ブラジル
●ニオブ 88%

チリ
●レニウム 49%

スペイン
●ストロンチウム 42%

コンゴ
●コバルト 71% ●タンタル 33%

南アフリカ
●クロム 44% ●マンガン 37% ●パラジウム 40% ●白金 72%

オーストラリア
●アルミニウム 28%
●リチウム 55%
●ジルコニウム 33%

中国
●レアアース 60%
（イットリウムとランタノイド）
●アンチモン 55%
●ビスマス 84%
●ガリウム 98%
●ゲルマニウム 68%
●インジウム 58%
●マグネシウム 84%
●チタン 57%
●タングステン 84%
●バナジウム 66%

※出典：U.S. Geological Survey「Mineral Commodity Summaries 2022」をもとに作成。
※パーセントは、2021年の世界生産量に対する割合。

元素の基本と気になるあれこれ **1**章

Q 希少な元素。地球上に どれくらいの量、存在する？

| 数十グラム | or | 数百グラム | or | 数千グラム |

地球上において天然に存在し、一番多い元素は水素ですが、一番少ない元素は原子番号85のアスタチンと、87のフランシウムといわれます。これらはどれぐらいの量が存在しているのでしょうか？

アスタチンは、不安定な原子核をもつ放射性元素です。メンデレーエフの元素周期表によって存在は予言されていましたが、結局、元素単体は単離（混合物から単体の元素を取り出すこと）ができず、1940年に人工的に合成・発見されました。

放射性元素は、時間の経過で原子核が崩壊し、次々に元素の種類

が変わってく放射性崩壊を起こします。アスタチンは、天然のウランやアクチニウムといった、放射性元素の崩壊過程で生まれることが確認されています。ただし、天然のアクチウムが崩壊してから、その量が半分になる「半減期」は1分ほどと短寿命で、それゆえに、地殻内のアスタチンの総量は数百mg～30gと推定されるほど微量です。

フランシウムも、天然のウランの放射性崩壊の過程で生まれる元素です。その半減期は21.8分と短寿命で、地殻中の総量は約15～30gと推定されます。フランシウムは、1939年フランス・キュリー研究所のペレが単離に成功しています。

なので答えは「数十グラム」です。地球上にこれだけしかない元素なんですね。ちなみに、**すでに地殻中から消えてしまった天然の放射性元素も存在すると見られています。**テクネチウム（長寿命同位体の半減期が420万年）とプロメチウム（長寿命同位体の半減期は17.7年）がそれで、地球誕生時に存在していたとしても、いち早く崩壊して自然界から消えてしまったと考えられています。

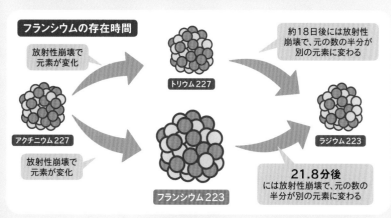

フランシウムの存在時間

放射性崩壊で元素が変化

アクチニウム227

放射性崩壊で元素が変化

トリウム227

フランシウム223

約18日後には放射性崩壊で、元の数の半分が別の元素に変わる

ラジウム223

21.8分後には放射性崩壊で、元の数の半分が別の元素に変わる

元素の基本と気になるあれこれ **1章**

28 元素の8割が実は金属？

118個ある元素のうち、どんな元素が一番多いでしょうか？
正解は、**金属元素**です。元素は、大きく金属元素と非金属元素に分けることができ、**実は、元素の8割以上が金属元素**なのです。

金属元素は3つの共通の性質をもち、そのカギを握るのが**「自由電子」**です。金属は、無数の金属原子が規則正しく並んで結びついた金属の結晶です。金属原子が結合するとき、最も外側の電子殻が重なり合います。このとき、最外殻の電子は、元の原子から飛び出して、結晶の中を自由に動き回ります。これを「自由電子」と呼びますが、**金属は、この自由電子が動き回ることで原子同士を結びつけているのです**（金属結合と呼びます）。

この自由電子が、**3つの金属の性質**をつくり出します〔**右図**〕。

1つ目は、**金属のもつ独特の光沢**です。ギラギラした光の正体は、自由電子の作用で光が反射されたものです。

2つ目は、**電気や熱をよく伝える性質**。電気も熱も、自由電子の移動でエネルギーが伝わっていきます。

3つ目は、**叩けば広がり、引っ張れば伸びる性質**。金属元素は、力を加えると金属原子の配列がずれるのですが、自由電子があるため結合は保たれるので、このような性質をもつのです。

自由電子が金属元素の性質をつくり出す

▶ 金属元素の3つの性質

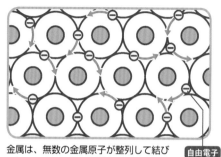

金属は、無数の金属原子が整列して結びついてできている。最外殻の電子殻は重なり合い、重なり合った電子殻を自由電子が自由に行き来する。

アルミニウム原子の場合、最外殻の3つの電子が飛び出して自由電子になる。

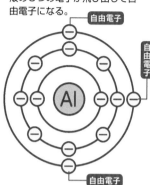

性質 1
金属光沢をもつ

光をほとんど反射するため、金色や銀色といったつやをもつ。自由電子が光を吸収・放出するとき、ギラギラと光るため。

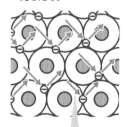

自由電子が
光を反射

性質 2
電気や熱をよく伝える

電気伝導性と熱伝導性が大きい。金属内で自由電子が自由に移動することで、電気や熱を伝える。

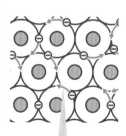

自由電子が
電気や熱を運ぶ

性質 3
展性と延性がある

金属は、叩けば板状に広がって（展性）、引っ張れば細く伸びる（延性）。

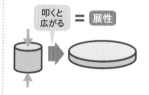

叩くと
広がる ＝ 展性

引っ張ると
伸びる ＝ 延性

元素の基本と気になるあれこれ **1**章

29 元素の力で温かい？カイロのしくみ

なるほど！ カイロは、**物質が酸化**するときの**熱エネルギーを利用**してあったかくなる！

　カイロが温かくなるのって不思議ですよね。これは、**元素同士が結びつくときの化学反応から熱を得ている**のです。

　雨水に濡れた鉄を放置しておくと、しばらくして赤茶色にさびていきます。さびは、金属元素が空気中の酸素や水分と反応し、酸化することで生じるもの。**使い捨てカイロでは、鉄が酸素と結びついて酸化するときに発する熱を利用しています**〔**図1**〕。さびるときは、鉄1gあたり7,200ジュールの熱を放出するとされ、これは水100gを約17℃上昇させる熱量です。

　鉄はさびるときに熱を出すものの、日常生活では気づかないほどゆっくりと反応が進みます。なので反応を早めるため、使い捨てカイロでは反応成分である鉄粉のほかに、酸素をたくさん集める活性炭、少しずつ水分を供給する保水材、そして酸化反応を促進させる触媒（しょくばい）となる食塩水も入っています。

　このほか、1923年に発明された**白金触媒式（はっきんしょくばいしき）カイロ**というしくみもあります〔**図2**〕。**燃料のベンジン（炭化水素）と空気中の酸素との酸化反応で生じる熱を利用したカイロ**ですが、ゆっくりと酸化が進むように、発熱部に金属元素・白金をまぶし、反応を触媒して低温で酸化・発熱させるというしくみです。

さびるときに熱を発する

▶ 使い捨てカイロのしくみ 〔図1〕

外袋から取り出すと、カイロ内の鉄が酸素に
触れて酸化反応を起こし、熱が発生する。

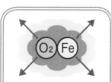

鉄が酸素とくっつくと
酸化して発熱する。

カイロ

おもな材料

鉄の粉

電解質 (➡P167) として
鉄の酸化を促進

水

塩

保水材は水を
ため込み、
少しずつ供給

保水材

活性炭は酸素を
ため込み、鉄に
酸素を与える

活性炭

▶ 白金触媒式カイロのしくみ 〔図2〕

火口に火を近づけると、気化したベンジン
(炭化水素) と酸素がくっつき酸化して熱
を発する。白金は触媒として酸化を手伝う。

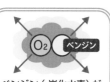

ベンジン (炭化水素) が
酸素とくっつくと酸化し
て発熱する。

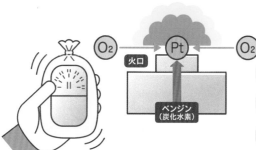

1 火口に火を近づける。

2 白金が酸素を吸着し、酸化反
応しやすい状態に。

3 気化したベンジン (炭化水素)
と酸素が結びつき、酸化して
熱を発する。

元素の基本と気になるあれこれ **1章**

「酸素」を命名した実験の名手

アントワーヌ・ラヴォアジェ

（1743 - 1794）

ラヴォアジェは、実験によって元素を科学的に定義したフランスの化学者です。パリに生まれ、さまざまな学問を学び、法律の知識から徴税請負人を、化学の知識から火薬製造の監督官を務めました。彼は自宅のそばに私費を投じて化学実験室を設けて、さまざまな実験を行いました。

18世紀はじめは、科学的な元素観が提案されつつも、4元素説など古い元素観も根強く残っていた時代です（➡P154）。当時は「燃焼とは、可燃物質からフロギストン（燃素＝火の元素）が放出されて灰が残る現象」という説が研究者の支持を集めていました。

1773年頃から、ラヴォアジェはこのフロギストン仮説を確かめるため、空気中で金属を熱して重さを測る実験を行います。フロギストンが放出されれば重さは減るはずですが、実験の結果、金属は重くなりました。彼はとても正確な測定をすることで有名で、金属と空気が結合して重くなること、増加量は結合する空気の量に一致することを突き止めます。彼はその空気を元素と考え、「酸素」と名づけて、フロギストン仮説を否定しました。

彼は著書『化学要論』で、「元素は化学分析では分解できない単純な物質」と定義。これ以降、古い元素観は捨て去られ、実験による元素の分析が発達、新元素の発見が相次ぎます。

2章

なるほど！ とわかる
身近な
元素の話

わたしたち人間を含めて、すべての物質は
元素でできています。118種類あるといわれる元素の中から
暮らしの中で使われるものや、
今後の活用が期待されるものを紹介していきます。

30 水素 hydrogen
[H]
クリーンエネルギーとして期待?

「燃料電池」「水素発電」「核融合」など、新しいエネルギー源として期待されている!

周期表で最初に登場する「水素」。どんな元素なのでしょうか?

水素は、宇宙で最も多く存在する元素です。例えば、太陽の70%以上は水素で、地球ではほかの元素と結びついた化合物の形で広く存在します。なお、地球で最も多い水素化合物は水です。

水素は最も軽い元素で、単体だと無色・無味・無臭の可燃性ガスです。水素ガスは窒素と反応させて、**アンモニア(窒素と水素の化合物)**の製造に使われます。ちなみに、植物油に水素ガスを添加すると**マーガリン**がつくれます。

水素は、新しいエネルギー源としても注目を集めています。宇宙へ飛び立つ**ロケット燃料**には、液体水素と液体酸素が用いられます。**燃料電池**は、水素と酸素の反応から電気エネルギーを取り出すしくみです〔**図1**〕。水素と酸素を2:1で混合した気体に点火すると、爆発的に燃焼して、大きなエネルギーを取り出せます。これを火力発電の燃料にする**水素発電**に移行する試みもあります。

燃料電池も水素発電も、二酸化炭素が出ません。出るのは水だけというクリーンなエネルギーのため、大いに期待されています。ほかにも、太陽の内部で莫大なエネルギーを生み出す**核融合反応**を地上で商用利用するための、核融合炉の研究も進んでいます〔**図2**〕。

水素は宇宙で一番多い元素

▶ 燃料電池とは?〔図1〕

水素と酸素との化学反応で、電気をつくり出す。排出されるのは水だけなので、クリーンに使い続けられる電池。

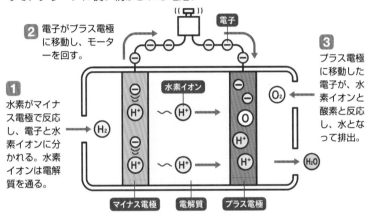

2 電子がプラス電極に移動し、モーターを回す。

1 水素がマイナス電極で反応し、電子と水素イオンに分かれる。水素イオンは電解質を通る。

3 プラス電極に移動した電子が、水素イオンと酸素と反応し、水となって排出。

マイナス電極　電解質　プラス電極

▶ 核融合とは?〔図2〕

水素のような軽い原子核が融合して重い元素になるとき、莫大なエネルギーが放出される。核融合をエネルギー源に使用する研究も進行中。

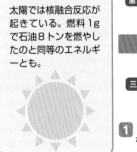

核融合反応の例

太陽では核融合反応が起きている。燃料1gで石油8トンを燃やしたのと同等のエネルギーとも。

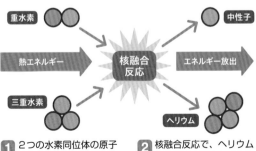

重水素　　　　　　　　中性子

熱エネルギー　→　核融合反応　→　エネルギー放出

三重水素　　　　　　　ヘリウム

1 2つの水素同位体の原子核を高温・高圧の状態にして、融合させる。

2 核融合反応で、ヘリウムと中性子と莫大なエネルギーが放出される。

なるほど! とわかる　身近な元素の話　**2章**

31 ヘリウム helium
[He]
声を高くするのも「軽い」から?

なるほど！ 水素の次に軽く、ほかの物質と反応しにくく安全なので、よく使われる！

「ヘリウム」というと、気球を飛ばすのに使われたり、声を高く変えてしまう用途で聞いたことがあるのでは？ **ヘリウムは、水素の次に軽い元素で、単体では、無色無臭の気体**です。宇宙には水素に次いで多く存在しますが、地球の大気中にはほとんど存在しないため、商業用のものは天然ガスから分離してつくられます。

ヘリウムはほかの物質と反応しにくい性質（不活性）があり、また**沸点は-268℃と、全元素の中で最も低い値**になります。不活性なヘリウムは、ロケットエンジンの燃料である液体水素を、燃料室へと送り出す加圧ガスに使用されます。また、リニアモーターカーやMRI検査で使われる超電導電磁石のための冷却材にも用いられています（➡P70）。

20世紀はじめ頃の気球などでは、浮揚ガスとして水素が使われていました。しかし、水素は引火しやすく爆発事故が多発したため、不燃性のヘリウムが使われるようになりました〔**図1**〕。

ちなみに、**ヘリウムは空気より密度が小さいので、音を伝える振動が速くなります**。そのため、ヘリウム80％・酸素20％の混合ガスを吸って声を出したりリコーダーを吹いたりすると、音が高くなるのです※〔**図2**〕。

※ヘリウムガスだけ吸うと窒息するため、必ずヘリウム混合ガスを使う。

宇宙で2番目に多い元素

▶ 浮揚ガス、ヘリウム〔図1〕

ヘリウムは空気より軽いため、浮揚ガスとして用いられる。

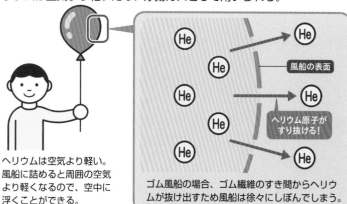

ヘリウムは空気より軽い。風船に詰めると周囲の空気より軽くなるので、空中に浮くことができる。

風船の表面

ヘリウム原子がすり抜ける!

ゴム風船の場合、ゴム繊維のすき間からヘリウムが抜け出すため風船は徐々にしぼんでしまう。

▶ ヘリウムで音が高くなる?〔図2〕

空気よりヘリウムは密度が小さいため、音を伝える速度が速くなる。音は空気中を振動となって伝わるもので、速度が速ければ、音を伝える振動数は大きくなり、音が高く聞こえる。

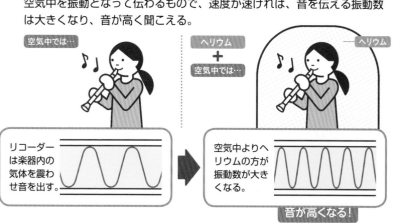

空気中では…

ヘリウム ＋ 空気中では…

ヘリウム

リコーダーは楽器内の気体を震わせ音を出す。

空気中よりヘリウムの方が振動数が大きくなる。

音が高くなる!

元素が織りなす 美しい 絶景

元素名 リチウム、ナトリウム、マグネシウム、アルミニウム、硫黄（いおう）、
カリウム、鉄、ニッケル、コバルト、臭素

山肌を流れる青い炎、生命を拒絶する塩湖、巨大隕石…など、絶景に
ひそむ元素のしくみを見てみましょう。

極彩色の泉

元素 硫黄、鉄、
カリウム など

エチオピア・ダロル。巨大な盆地の中に活火山、硫黄泉、
塩原が存在。噴火によって塩や硫黄を含む水が吹き出し、
極彩色の風景を形成した。黄色は硫黄の結晶。

青い溶岩?

インドネシアのイジェン
山で、青い炎が山肌を川
のように流れる現象。炎
は、岩のすき間から噴出
される硫黄ガスが燃える
光で、溶岩流ではない。

元素 硫黄

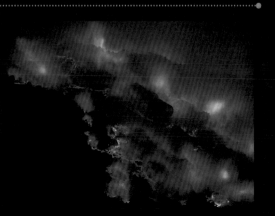

リチウムが埋蔵

元素 リチウム、ナトリウム、カリウム など

チリのアタカマ塩湖は、世界第2位の広さの塩湖。世界有数のリチウム鉱床がある。地下水をくみ上げ、乾燥させてリチウムを生産している。

空からの贈り物

ナミビアのホバ隕鉄。鉄の隕石で、最大直径2.95メートル、重さは約66トン。約8万年前に落下したとされる。

元素 鉄、ニッケル、コバルト など

神秘の池

北海道美瑛町の白金青い池。工事のときにできた人工湖で、その青色は地下水が含むアルミニウムによるとされる。

元素 アルミニウム

海より濃い塩

死海は、中東にある塩湖。湖水表面では海水の5倍以上の塩分を含み、生物は生存できない。一方、塩分には有用な鉱物も多く含まれ、湖畔に元素の採取工場がある。

元素 臭素、カリウム、ナトリウム、マグネシウム など

なるほど！とわかる 身近な元素の話 **2**章

32 リチウム lithium
[Li] 現代人の生活を一変させた元素?

 なるほど! 現代に必須の**スマホ**や**ノートPC**に、
リチウムイオン電池が使われている!

　1817年、ペタライト（リチウム・アルミニウムのケイ酸塩）という鉱石から、「リチウム」は見つかりました。ナトリウムやカリウムとは異なる、新しいアルカリ金属元素が鉱石から見つかったため、ギリシャ語の「石＝lithos（リトス）」が名前の由来です。

　リチウムは銀白色をした、すべての金属の中で最も軽い金属元素です。重さはアルミニウムの約5分の1で、ナトリウムのようにやわらかく、水や酸素と激しく反応します。

　20世紀になると、水素化リチウムを気球用の水素発生源としたり、水酸化リチウムを**乗り物の潤滑油**をつくる材料にしたりと活用されます。また、二酸化炭素をよく吸収する性質があるので、**潜水艦用の二酸化炭素除去剤**としても用いたとされています。

　リチウムは電子を放出しやすいので、電池に適した元素です。充電できる二次電池・リチウムイオン電池〔**右図**〕は、スマホ、ノートPC、電気自動車などのバッテリーに利用されています。まさに、現代の必需品に使われる元素といえますね。リチウムイオン電池を1985年に発明した吉野彰博士らはノーベル化学賞を受賞しました。

　リチウムは、鉱床が一部地域に偏在するレアメタル。海水にも含まれているので、採取して採算の取れる方法が研究されています。

リチウム鉱床は一部地域に偏る

▶リチウムイオン電池のしくみ

プラスとマイナスの電極の間をリチウムイオンが移動することで、充電・放電を行う電池。

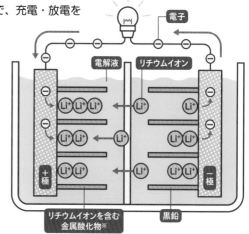

リチウムイオン電池の放電

電球をつなぐと、マイナス極に取り込まれたリチウムが、イオンと電子に分離。電子は回路を移動して電球をつけ、イオンはプラス極に移動し、取り込まれる。

リチウムイオン電池の充電

充電を始めると、電子がマイナス極に取り込まれる。それにともない、プラス極側のリチウムイオンが電解液を通ってマイナス極側に取り込まれ、電池に電気が充電される。

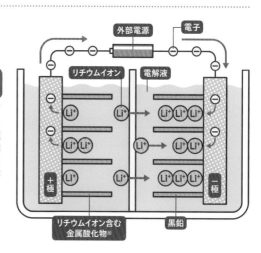

※リチウムイオンを含む金属酸化物には、コバルトやマンガンが使われる。

なるほど! とわかる 身近な元素の話 **2章**

33 [N] 窒素 _{ちっそ} nitrogen
動植物の生命に必須な元素？

なるほど！ 空気中の約78%を占める元素。生命に必須で、「窒素循環」で体内に取り入れている！

　「窒素」は、空気中に78%ほど含まれる元素。単体は無色無臭で、ほかの物質と反応しにくい特徴があります。実は**生命に必須な元素**で、動植物の体をつくるタンパク質は、すべて窒素、炭素、酸素、水素からできています。

　人は、どうやって窒素を体内に取り込んでいるのでしょうか？
大気中の窒素は、微生物のはたらきなどで、硝酸塩やアンモニアなどの窒素化合物に形を変えられます。植物はこの窒素化合物を取り込んでアミノ酸（タンパク質の元）をつくります。動物は植物を食べて窒素を取り込み、余分な窒素は尿素（これも窒素化合物です）として排泄。排泄物や動植物の死骸は微生物が分解し、窒素化合物の一部は窒素として大気中に戻ります。この**「窒素循環」**で、動植物は体内に窒素を取り込んでいるのです〔**図1**〕。

　植物が摂取する窒素化合物は、よい肥料にもなります。大気中に比べて地表中の窒素は小さい量ですが、1913年にドイツの化学者ハーバーとボッシュは、空気中の窒素からアンモニアを大量生産する技術を開発。この化学窒素肥料の発明で農業生産が発展し、食料の増産が進みました〔**図2**〕。ほかにも、窒素はダイナマイトや液体窒素による冷却材などにも利用されています。

窒素化合物は肥料になる

▶ 窒素循環とは？〔図1〕

窒素は、大気→地表→植物→動物→地表→大気と絶え間なく循環する。

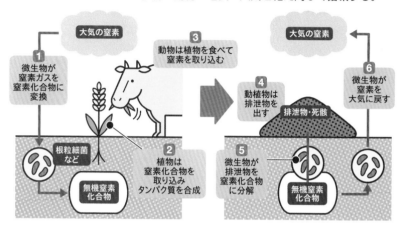

大気の窒素

1 微生物が窒素ガスを窒素化合物に変換

3 動物は植物を食べて窒素を取り込む

大気の窒素

6 微生物が窒素を大気に戻す

根粒細菌など

2 植物は窒素化合物を取り込みタンパク質を合成

無機窒素化合物

4 動植物は排泄物を出す

排泄物・死骸

5 微生物が排泄物を窒素化合物に分解

無機窒素化合物

▶ 窒素からアンモニアをつくる〔図2〕

鉄を触媒（化学反応を促進する物質）に、窒素ガスと水素ガスを高温・高圧で反応させてアンモニアが合成できる。この発明で、化学者ハーバーとボッシュはノーベル化学賞を受賞した。

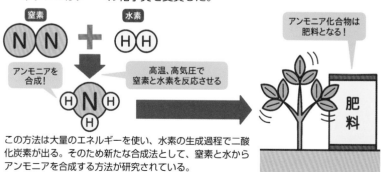

窒素 N N

水素 H H

アンモニアを合成！

高温、高気圧で窒素と水素を反応させる

H N H H

アンモニア化合物は肥料となる！

肥料

この方法は大量のエネルギーを使い、水素の生成過程で二酸化炭素が出る。そのため新たな合成法として、窒素と水からアンモニアを合成する方法が研究されている。

なるほど！とわかる 身近な元素の話 **2章**

34 酸素 oxygen
[O]
地上に多くあり生物を守る役割も?

なるほど! 地殻・海・人体で**最も多い構成元素**。
紫外線から生物を守る**オゾン**もつくり出す!

　「酸素」は、地上で最も豊富に存在する元素です。空気の約23%、地殻の約46%、水の約86%を占めます。**人間の約65%（重量比）は酸素でできています**。宇宙でも3番目に多い元素とされます。単体の酸素は、無色無臭の気体です。水に溶け込みやすく、ほとんどの元素と反応して酸化物をつくります。

　物が燃えるのも、酸素があるためです。木炭を燃やすと木炭の炭素が酸素と結びつき、二酸化炭素と熱エネルギーが生じます〔**図1**〕。酸素とほかの物質が結びつく化学反応を**「酸化反応」**といい、このとき光や熱エネルギーを出す性質があります。この反応で料理をつくったり、大量の酸素で高温に燃やして金属を製錬したりします。また、金属のさびも酸化物のひとつです。

　人間は、呼吸で酸素を取り入れて生きていますね。細胞のミトコンドリア内で細胞内に入った酸素を使って、食物の栄養素からアデノシン三リン酸（ATP）という、体を動かすエネルギー源をつくります。**酸素からエネルギーを得るのは生命共通のしくみ**です。

　また、酸素には、**オゾン**という同素体があり、成層圏にオゾン層をつくり出して、紫外線を吸収するはたらきもしています。そのおかげで、生物は有害な紫外線から守られているのです〔**図2**〕。

物が燃えるのは酸化反応

▶酸素はどうやって燃える? 〔図1〕

木炭(炭素)に火をつけると酸素と反応して二酸化炭素ができる。酸素はほかの物質と結びつく(酸化反応)とき、光や熱エネルギーを出す性質がある(燃焼反応)。

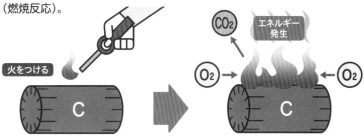

木炭(炭素)に火をつけると…
(酸化反応をうながす熱を与えると)

炭素が酸素と結びつき、二酸化炭素とエネルギーが生じる。

▶オゾン層とは 〔図2〕

成層圏(約11km上空)に達した酸素 O_2 は、紫外線で分解されて、まわりの酸素と結合してオゾン O_3 になる。オゾンは紫外線を吸収し、地上の生物を紫外線から守る。

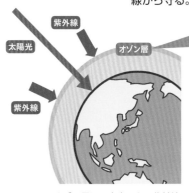

オゾン層は、宇宙からの紫外線から地球を守る。

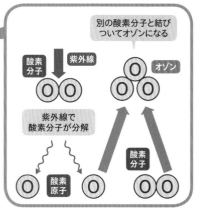

別の酸素分子と結びついてオゾンになる

紫外線で酸素分子が分解

101

なるほど! とわかる 身近な元素の話 **2章**

35 フッ素 fluorine
[F]
歯を守るがオゾン層を壊す？

なるほど！ 歯の再石灰化などに役立つが、
フロンガスになると環境破壊も起こす！

「フッ素」といえば、歯磨き粉などに使われることで知っている人も多いのでは？　**フッ素は生命の必須元素とされ、骨や歯に含まれています**。多くの歯磨き粉にはフッ素化合物が含まれていて、**歯の耐久性を上げたり、虫歯予防に効いたりする**とされています〔**図1**〕。

フッ素は化合物になると安定する性質をもつので、前述の歯磨き粉をはじめ、さまざまな用途で活用されています。例えば、フライパンのテフロン加工には**フッ素樹脂**という化合物が使われています（➡P60）。フッ化水素酸には**ガラスの腐食作用**があり、スウェーデンではこれを用いてガラスに文字や飾りを刻んでいたそうです。

フッ素は、**全元素の中で最も電気陰性度が高い元素**で（➡P60）、ほぼすべての元素と反応してフッ化化合物をつくることができます。フッ素は単体では自然界に存在せず、単体で取り出したフッ素ガスは薄黄色の気体で毒性をもちます。

かつてフッ素は**フロンガス**の構成元素として、液体は冷蔵庫などの冷媒に、気体はスプレーの発泡剤などに用いられてきました。しかし、**フロンガスが上空で紫外線で分解されると、放出された塩素がオゾンから酸素をもぎ取ってしまう**ことが1970年頃に判明。オゾン層を破壊するため、世界中で使用禁止になりました〔**図2**〕。

フロンガスもフッ素化合物

▶フッ素と虫歯予防〔図1〕

フッ素化合物が歯のエナメル質に取り込まれると、唾液中にエナメル質（リン酸カルシウム）が溶け出す「脱灰」が抑えられる。また、溶け出したエナメル質が元に戻る「再石灰化」も促進される。

※ただし、過剰なフッ素の摂取は体に悪いので注意が必要。

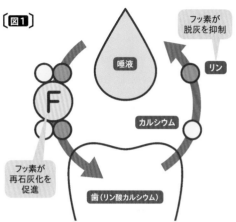

フッ素が脱灰を抑制

リン

唾液

F

カルシウム

フッ素が再石灰化を促進

歯（リン酸カルシウム）

▶オゾン層を壊す「フロンガス」〔図2〕

フロンガスは、上空で紫外線で分解されるとオゾン層を破壊してしまう。

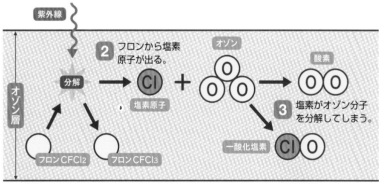

紫外線

オゾン層

2 フロンから塩素原子が出る。

分解 → Cl 塩素原子 + オゾン O O O → 酸素 O O

3 塩素がオゾン分子を分解してしまう。

一酸化塩素 Cl O

フロンCFCl₂　フロンCFCl₃

1 フロンがオゾン層に入り、紫外線で分解される。

3 によりオゾン層が薄くなると、紫外線が強くなり、人体や動植物に悪影響！

36 ナトリウム sodium
[Na]
食生活に欠かせない元素?

化合物の「塩」のもとになる元素。
古くから洗濯にも使われてきた!

「**ナトリウム」は金属元素**です。ほかの元素と激しく反応する性質があるので、天然では単体で存在せず、ナトリウム化合物として存在しています。単体ではやわらかく銀白色をしています。

ナトリウム化合物「**食塩（塩化ナトリウム）**」が、私たちの最も身近なものでしょう。調味料のほか、食料の保存にも使われていますよね。食品に食塩をまぶす理由は、浸透圧の差によって食品から水分を取り除き、腐敗菌を生育できなくさせるためです〔**図1**〕。

ナトリウム化合物は、さまざまな場面で活躍します。産業では**苛性ソーダ（水酸化ナトリウム）**が、化学薬品、石鹸、紙の製造などで重要なはたらきをします。ナトリウムの黄色い炎色反応を利用した**ナトリウムランプ**という照明もあります。

身近な食品では、ほかにもケーキのふくらし粉に用いる**重曹（炭酸水素ナトリウム）**、こんにゃくの**凝固剤**や中華麺の**かん水（どちらも炭酸ナトリウム）**、昆布のうま味成分の**グルタミン酸ナトリウム**など、多くのものに含まれています〔**図2**〕。

塩湖で採れる**ソーダ灰（炭酸ナトリウム）は、古くから洗濯に使われていました**。アルカリの性質をもっていて、油を浮かせて汚れを落とす力をもつためです。

塩化ナトリウム＝食塩のこと

▶ ナトリウムと浸透圧 〔図1〕

野菜表面の食塩水と野菜の細胞内の水分は、塩分の濃さが異なる。同じ濃さになろうとする力（浸透圧）がはたらき、内側から水分が出る。

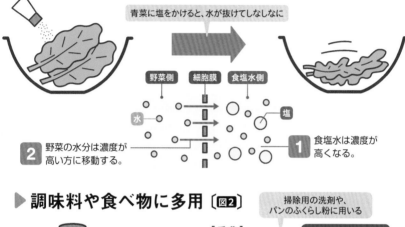

青菜に塩をかけると、水が抜けてしなしなに

野菜側　細胞膜　食塩水側

水　塩

2 野菜の水分は濃度が高い方に移動する。

1 食塩水は濃度が高くなる。

▶ 調味料や食べ物に多用 〔図2〕

[食塩]

塩

塩化ナトリウム
＝塩素 ＋ ナトリウム

小麦粉に混ぜると弾力性のある麺ができる

[かん水]

炭酸ナトリウム
＝炭素 ＋ 酸素 ＋
ナトリウム

掃除用の洗剤や、パンのふくらし粉に用いる

[重曹]

炭酸水素ナトリウム
＝炭素 ＋ 酸素 ＋
水素 ＋ ナトリウム

昆布が含むグルタミン酸（アミノ酸）を調味料にしたもの

[化学調味料]

味

グルタミン酸ナトリウム
＝炭素 ＋ 窒素 ＋
酸素 ＋ 水素 ＋ ナトリウム

ナトリウムとソジウム	ナトリウムという名前は、炭酸カルシウムを意味するラテン語の「ナトロン」が由来。一方、英語名はソジウム（sodium）という。古くはナトリウム化合物は頭痛薬に使われ、アラビア語で頭痛（薬）を意味する「ソーダ」が由来と考えられている。

37 マグネシウム magnesium
[Mg]
軽くて強くて、光合成もしてくれる？

 なるほど！ 航空機、ノートPCなどの素材として活躍。
植物の光合成にも必須の元素！

「マグネシウム」は、銀白色の軽い金属元素です。名前はギリシャのマグネシア地方で取れるマグネサイトという石にちなみます。

マグネシウムは、**実用の金属元素で最も軽い**ことが特徴のひとつ。例えば、アルミニウムの約3分の2の重さです。そのため、**航空機や船、ノートPCやモバイル機器**など、強度と軽さが求められる部品や本体に、合金として多く用いられています〔**図1**〕。

マグネシウムは、植物の葉緑体にも含まれます。葉緑体は植物の中で光エネルギーをでんぷんなど有機物に変えるはたらきがあり、**光合成**に欠かせない元素なのです〔**図2**〕。

また、海水中では、**塩化マグネシウム**の形で溶けています。煮詰めて取り出したものは**「にがり（苦汁）」**と呼ばれ、豆腐の凝固剤に使われています。**塩化マグネシウムには、水溶性の大豆タンパク質である豆乳を固める性質がある**のです。ほかにも、マグネシウムは岩石やさまざまな化合物の形で存在しています。海水にも大量に溶け込んでおり、資源量は豊富です。

ちなみに、マグネシウムの微粉末は、加熱すると白色閃光を放って燃えます。そのため、かつては**写真撮影のフラッシュ**に用いられたりもしていました。

マグネシウムは軽い金属元素

▶ マグネシウムの重さ〔図1〕

マグネシウムは、ほかの金属元素より軽く、たわみにくい。

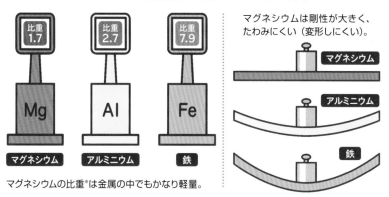

比重 1.7 Mg マグネシウム

比重 2.7 Al アルミニウム

比重 7.9 Fe 鉄

マグネシウムは剛性が大きく、たわみにくい（変形しにくい）。

マグネシウム

アルミニウム

鉄

マグネシウムの比重※は金属の中でもかなり軽量。

※比重…「物質」と「同体積の水」との質量比。水の比重を1として、各物質の重さが比べられる。

▶ 光合成とマグネシウム〔図2〕

マグネシウムは、植物の光合成で大切な役割を担っている。

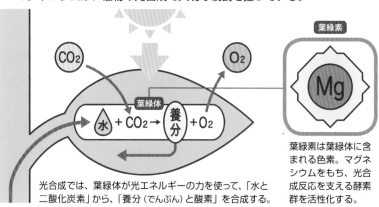

CO_2

O_2

葉緑体 水 + CO_2 → 養分 + O_2

葉緑素

Mg

光合成では、葉緑体が光エネルギーの力を使って、「水と二酸化炭素」から、「養分（でんぷん）と酸素」を合成する。

葉緑素は葉緑体に含まれる色素。マグネシウムをもち、光合成反応を支える酵素群を活性化する。

38 アルミニウム aluminium
[Al]
1円玉にも宇宙服にもなる元素？

軽い、強い、腐食しない、高い熱・電気伝導率、高い反射率…などの理由で多方面で活用！

1円玉などに使われる「アルミニウム」。**地球の地殻の中で、最も多い金属元素**です。鉄に次ぐ第2の金属として、私たちの生活のさまざまな場所で使われています。単体での強度は低く、アルミニウム合金として性能を強化して用いられることが多いです。

アルミニウムがよく使われる理由は、**重さが鉄の約3分の1と軽くて強く、表面に酸化被膜をつくって腐食しにくい点**からです。自動車、航空機、船舶、電車、ロケットなど重量級の乗り物には、特に**「ジュラルミン」**（アルミニウム、銅、マグネシウム、マンガンからなる合金）が多用されています。薄く広げるなど加工しやすいため、厚さ約0.012mmの家庭用アルミホイルをはじめ、飲み物の缶、調理器具など身近なあらゆるところで使われています〔**図1**〕。

熱と電気伝導率が金銀銅に次いで高いため、**送電線**のほとんどにアルミニウムが使われています。さらに、磨き上げたアルミニウムは、赤外線や紫外線、可視光線などの**電磁波をよく反射**します。そのため暖房器具や照明器具、宇宙服にも利用されています。

発見された19世紀はじめ、アルミニウムの取り出しは大変で、金銀よりも高価でした。現代ではボーキサイトから得る酸化アルミニウムを電気分解して取り出します〔**図2**〕。

アルミニウム製造には莫大な電気を使う

▶ アルミニウムのおもな用途〔図1〕

アルミニウムは
使いやすい金属
のため、日常の
さまざまなとこ
ろで見られる。

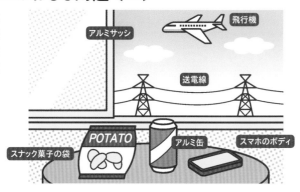

飛行機
アルミサッシ
送電線
スナック菓子の袋
POTATO
アルミ缶
スマホのボディ

▶ アルミニウムの製造〔図2〕

アルミニウムはボーキサイトから取り出す。
取り出しには大量の電気が必要。

リサイクルの王様

アルミニウム製造には大量
の電気が必要だが、アルミ
缶を回収して再生地金をつ
くるなら、新規に地金をつ
くるときの約3%のエネル
ギーで済む。

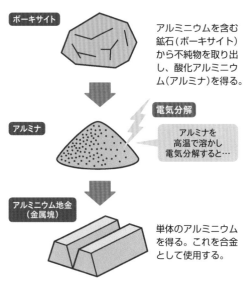

ボーキサイト

アルミニウムを含む
鉱石（ボーキサイト）
から不純物を取り出
し、酸化アルミニウ
ム（アルミナ）を得る。

電気分解

アルミナ

アルミナを
高温で溶かし
電気分解すると…

アルミニウム地金
（金属塊）

単体のアルミニウム
を得る。これを合金
として使用する。

なるほど！とわかる 身近な元素の話 **2章**

元素が彩る 美しい宝石

元素名 酸素、ベリリウム、ホウ素、フッ素、マグネシウム、アルミニウム、ケイ素、バナジウム、クロム、鉄

熱によって姿を変える石英、エメラルドやアクアマリンになる緑柱石（りょくちゅうせき）など、美しい宝石を生み出す鉱物を紹介します。

2種の宝石になる石

緑柱石

元素 ベリリウム、アルミニウム、ケイ素 など

元素のベリリウムを主成分とする鉱物で、六角柱状の結晶。美しい結晶のうち、緑色はエメラルド、青色はアクアマリンとなる。

エメラルド

緑柱石
＋
クロムやバナジウム

アクアマリン

緑柱石
＋
鉄

和名は黄玉（おうぎょく）

トパーズ

元素 アルミニウム、ケイ素、フッ素 など

アルミニウムやフッ素を含むケイ酸塩鉱物。黄玉（せんぎょく）とも呼ぶ。結晶の色はさまざまで、透明で淡褐色の石が人気。加熱するとピンク色になる石も。

▲多彩な色の石があるが、和名では黄玉と呼ぶ。

水晶（石英）
元素 ケイ素、酸素

熱で色が変わる

石英は二酸化ケイ素からなる鉱物で、透明な結晶を水晶と呼ぶ。無色や白色だが、不純物や放射線の影響で色を帯びる。紫水晶は鉄を含み、紫水晶が加熱されると色が変わる。

熱を加えると…

紫水晶 石英 ＋ 鉄
▶鉄を含んだ石英は紫色に。アメシストとも呼ばれる。

黄水晶 石英 ＋ 鉄
▶紫水晶が熱を受けると黄色に変わる。シトリンとも呼ばれる。

多彩な色の石
元素 ホウ素、ケイ素、アルミニウム など

トルマリン
▶電気石と呼ばれるホウケイ酸塩鉱物の結晶。複数の元素で複雑に構成され、多彩な色の宝石となる。

オリーブ色の石
元素 マグネシウム、鉄、ケイ素 など

ペリドット
▶かんらん石のうち、透明で暗緑色の石。含まれる鉄により緑色に発色。

39 ケイ素 silicon
[Si] 「半導体」の原料で引っ張りだこ？

なるほど！ 半導体の原料として使われていて、
電子機器に必須。現代社会に不可欠な元素！

　地球の地殻の90％以上はケイ酸塩（さんえん）と呼ばれる岩石で、**地球表面
では「ケイ素」は酸素に次いで多く存在する元素**です。英名のシリ
コンは、ケイ砂のラテン語silex（サイレクス）が由来です。

　古代エジプトでは、石英（ケイ砂・二酸化ケイ素）とソーダ（炭酸
ナトリウム）と石灰（炭酸カルシウム）を混ぜて溶かした**ガラスの器**
をつくっていました。現代の窓ガラスも、ケイ砂をどろどろに溶か
してつくっています。石英は水晶（クオーツ）とも呼ばれ、時計で
時を刻むリズムをつくり出します（➡P76）。

　ケイ素の単体は青灰色で、半導体の性質をもちます。電気を通す
導体と電気を通さない絶縁体に対して、中間の性質をもつのが半導
体。半導体の性質により、電気の流れをコントロールできるのです
〔**図1**〕。トランジスタやダイオードなど電子機器に欠かせない**半導
体部品は、ケイ素が主成分**。また、太陽電池もケイ素からなる半導
体部品を使って発電しており、とても多用される元素なのです。

　ケイ素と酸素が交互につながった鎖状の高分子化合物は、**シリコー
ン樹脂**といいます。シリコーンゴムは耐熱性や耐薬品性があり、
水回りの窓のパテ（コーキング材）や調理器具に使われます。また、
シリコーン油として、整髪料にも使われます〔**図2**〕。

ガラスや半導体の原材料

▶ 半導体のしくみ〔図1〕

ケイ素に不純物を入れると半導体の性質があらわれる。ダイオードはp型とn型の半導体を組み合わせると電気の流れをコントロールできる。

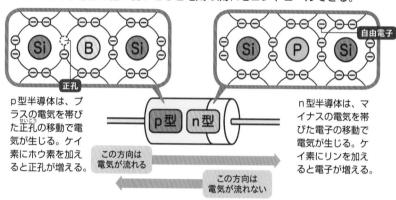

p型半導体は、プラスの電気を帯びた正孔の移動で電気が生じる。ケイ素にホウ素を加えると正孔が増える。

この方向は電気が流れる

この方向は電気が流れない

n型半導体は、マイナスの電気を帯びた電子の移動で電気が生じる。ケイ素にリンを加えると電子が増える。

ダイオードは、電気の流れを一方通行にする部品。n型とp型を貼り合わせて、順方向に電圧をかけると電気が流れ、逆方向に電圧をかけると、電気が流れなくなる。

▶ ケイ素のおもな用途〔図2〕

[窓ガラス]

窓ガラスの原料は、ケイ砂をどろどろに溶かしてつくられる。

[電子部品(半導体)]

スマホの集積回路は半導体でできており、ケイ素を原料としている。

[シリコーン樹脂]

シリコーン樹脂はケイ素が主成分。耐熱性があり、食材を加熱する調理器具に用いる。

なるほど！とわかる 身近な元素の話 **2**章

40 リン phosphorus
[P]
赤、白と色によって性質が異なる?

なるほど! 白リンは毒性が強く燃えやすいが、安全な赤リンはマッチで活用されている!

「リン」には発火する性質があり、日常生活に普及したのはマッチからです。1831年のフランスで、白リンを頭にした、どこでこすっても発火するマッチが発明されました。ただ、白リンはかんたんに発火して中毒の危険もあったので、安全な赤リンを使った安全マッチに置き変わります。リンには、**白リン、赤リン、黒リン、紫リンなどたくさんの同素体**(➡ P48)が存在します〔**図1**〕。

リンは、**農業用肥料**にもなります。リン肥料は、作物の花や実のつきをよくしてくれます。リンは動物の骨や糞尿に多く含まれていて、古くはこれらを肥料としました。現在リン肥料は、アパタイトなどのリン鉱石から生産されています。

また、**リンは動植物に欠かせない必須元素**でもあります。体重の1.1%ほどのリンが、骨に90%、筋肉に8%、DNAに2%含まれます。生物は、アデノシン三リン酸(ATP)というリン化合物を体内で合成します。ATPはタンパク質の合成や筋肉を動かすなど、生命活動に必要なエネルギーを供給するための一種の「充電池」で、ここでもリンは活躍しています〔**図2**〕。

リンは、毒にもなります。第二次世界大戦前のドイツで生産された毒ガス・サリンは、構造中にリンをもつ有機リン化合物です。

リンにはいろいろな同素体がある

▶リンの種類〔図1〕

リンにはさまざまな同素体があり、色によって名前がついている。

マッチの側面（側薬）に**赤リン**が含まれる

側面をこすると、摩擦熱で赤リンとマッチの頭薬に含まれる「松やに」などが燃える

白リン ロウ状の固体で毒性が強く発火しやすい（発火点50℃）。黄リンとも呼ばれる。過去にマッチに使われた。酸素を断って約300度に加熱すると「赤リン」に変わる。

赤リン 暗赤色の粉末で白リンと紫リンの混合物。弱毒で約260℃で発火。安全マッチに使われる。

黒リン 白リンを高圧高温に熱すると黒リンに。空気中で発火しないほど安定。半導体の性質をもつ。

紫リン 金属光沢があるので、金属リンと呼ばれる。

▶人体で活躍するリン

〔図2〕

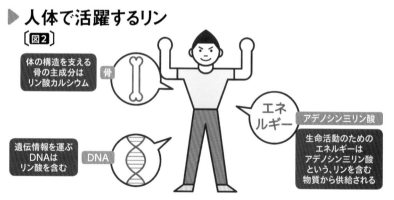

体の構造を支える骨の主成分はリン酸カルシウム

骨

遺伝情報を運ぶDNAはリン酸を含む

DNA

エネルギー

アデノシン三リン酸

生命活動のためのエネルギーはアデノシン三リン酸という、リンを含む物質から供給される

黒リンが電子機器を高性能化？	2014年、黒リンから厚さリン原子1個分のシートが分離され「フォスフォレン」と名づけられた。電子機器を高性能化する性質が注目を集め、トランジスタ（電流を制御する素子）や太陽電池などへの応用が研究されている。

なるほど！とわかる 身近な元素の話 **2章**

41 硫黄 sulfur
[S]
硫黄自体は実は無臭？

なるほど！ 火薬や肥料、プラスチックなどの素材に。
硫黄自体は無臭で、化合物が腐乱臭の原因！

　「硫黄」は、火山地帯などでよく見られる元素です。温泉地で、卵の腐ったようなつーんとした匂いがすると「硫黄だな」と思う方も多いのでは？　でも、**実は硫黄自体は無臭**なんです。**この匂いは、硫化水素などの硫黄化合物が原因**です。

　硫黄は、古くから**火薬の製造**に使われてきました。そしてこの製造過程で生まれるもの、例えば、**硫酸鉄**は織物の染色に、**二酸化硫黄**は消毒にと、さまざまに活用されてきたそうです。

　硫黄と酸素からなる**硫酸**は、強い脱水作用と腐食作用がある水溶液。化学工業には欠かせないもので、火薬はもちろん、肥料、繊維、化学薬品、プラスチックの生産をはじめ、石油の精製や蓄電池、殺菌剤の原料など、とても広く使われています。

　硫黄の意外な用途には、**「ゴム」**があります。1839年にアメリカのグッドイヤーが**「加硫法」**を発明。生ゴムに硫黄を混ぜると弾性と強度が増すので、タイヤなどゴム製品に使われています〔**図1**〕。

　石油などの化石燃料には、硫黄が含まれています。自動車や工場などで化石燃料を燃やすと二酸化硫黄が空気中に放たれますが、これが**酸性雨**を降らせることが1970年代に問題となりました。現在は排気ガスの脱硫が進められ、被害は減少しています〔**図2**〕。

硫黄化合物が大気汚染の原因に

▶ ゴムと硫黄〔図1〕

生ゴムに硫黄を混ぜて加熱すると弾性が増す。この加硫法は、発明家グッドイヤーが硫黄入りのゴムをストーブに落としたことから偶然発見された。

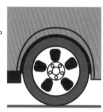

ゴム分子

ゴム分子間を硫黄でつなぐ架橋構造

硫黄原子

天然ゴム

ゴムは長い分子で、やわらかく伸びるが、一度引っ張ると元に戻らない。

加硫後のゴム

硫黄を混ぜると、硫黄が橋を架けた構造になり、引っ張ると元に戻る弾性がつく。

▶ 酸性雨のしくみ〔図2〕

1 太古の動植物は硫黄を含む。

硫黄は原油などの化石燃料にも含まれる

2 太古の動植物はやがて化石燃料に変化。なので硫黄を含む。

3 原油をガソリンや灯油に精製。

4 化石燃料が燃焼すると、二酸化硫黄（亜硫酸ガス）などを排出。排気ガスは大気中で硫酸に変わる。

5 硫酸が雨に溶け込み、酸性雨が降る。

なるほど！とわかる 身近な元素の話 **2**章

42 塩素 chlorine

[Cl]

消毒もするけど、猛毒にもなる?

**化合物は、殺菌・消毒などに使われる。
ただし、塩素ガスは猛毒なので注意!**

「塩素」の殺菌消毒作用は有名ですが、どんな元素なのでしょうか?

塩素は、多くの物質と激しく反応し、塩化物をつくります。塩化物がもつ**漂白と殺菌作用**は、古くから知られ使われてきました。

水道水やプールの消毒、洗濯の漂白剤に用いられるのは**次亜塩素酸ナトリウム**。消毒されていない生水は、コレラ菌やチフス菌などを運んで伝染病の原因となるため、塩素の殺菌作用で感染を防いでいるのです〔**下図**〕。

ちなみに、19世紀頃には、ヨーロッパの洗濯業者が、**次亜塩素酸カルシウム**を洗浄剤に用いていた記録が残っています。

▶ 浄水場での消毒

1 川や湖からの原水を取り込む池。pH調整やカビ臭を活性炭で取り除くことも。

2 沈殿池でポリ塩化アルミニウムを混ぜて、細かい土や砂、微生物をくっつけて沈殿させる。

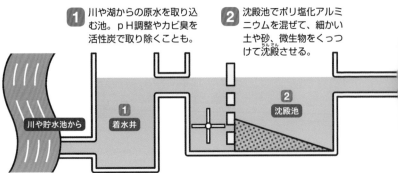

川や貯水池から

1 着水井

2 沈殿池

消毒の用途で使われる塩素ですが、**単体の塩素ガスは猛毒**。低濃度でも鼻やのどを刺激し、高濃度になると呼吸困難を引き起こし、場合によっては死に至ります。第一次世界大戦で、ドイツ軍が史上初の化学兵器を使用しましたが、これが塩素ガスでした。

塩素からつくられる**ポリ塩化ビニル**は、「塩ビ」と呼ばれるプラスチックの一種。耐水性、電気絶縁性に優れ、建築材から日用品まで多用されています。

1990年代、塩ビを燃やすと**ダイオキシン類**という毒物が生じるとされました。**現在、塩ビ自体が原因ではないと発生のしくみが明らかになりました**。ダイオキシン類は、塩ビだけが発生源でなく、炭素・酸素・水素・塩素を含む物質を燃やす過程で意図せずにできてしまう毒性のある物質。ダイオキシン類の発生源は、おもにごみ焼却による燃焼で発生するとされます。

政府はダイオキシン類の環境基準を定めて、排出規制と環境調査を実施。排出量を下回るようごみ焼却施設を改善し、現在では数値は下回っています。

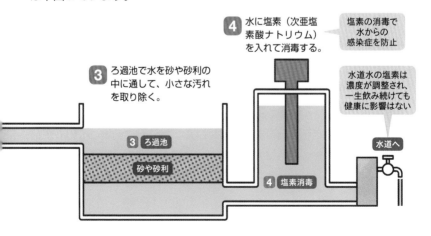

4 水に塩素（次亜塩素酸ナトリウム）を入れて消毒する。

塩素の消毒で水からの感染症を防止

3 ろ過池で水を砂や砂利の中に通して、小さな汚れを取り除く。

水道水の塩素は濃度が調整され、一生飲み続けても健康に影響はない

3 ろ過池

砂や砂利

4 塩素消毒

水道へ

なるほど！とわかる　身近な元素の話 **2**章

43 [Ca] カルシウム calcium
骨だけでなく、建築にも必須？

なるほど！ 骨、歯、貝がら…など**生物の構造をつくる**が、セメントなど**建造物の構造**にも欠かせない！

　石灰岩（炭酸カルシウム）を焼くと、白い粉末の石灰（酸化カルシウム）ができます。古代ローマ人は石灰をcalx（カルクス）と呼び、これが**「カルシウム」**の元素名になりました。

　古くから石灰は、レンガ積みの接着剤（モルタル）やしっくい（塗り壁材）などの**建築素材**に使われていました。白く輝く**大理石も石灰岩の一種**で、ローマ神殿やミロのヴィーナスなど、装飾性の高い建築用・彫刻用の石材で用いられてきました。**コンクリートの原料となるセメントの主成分も石灰**です。カルシウムといえば、牛乳などに含まれていて骨を強くする…というのが有名ですが、**実は建築などにも欠かせない元素**なのです。

　カルシウムは人体にも必須。**骨や歯の主成分はリン酸カルシウム**で、成人の体なら約1kg存在し、そのほとんどが骨と歯に含まれます。貝がらやサンゴなどもカルシウムが主成分です〔**図1**〕。

　天然水には、**硬水／軟水**という分け方があります。雨水が岩石を風化させるときに岩石中のカルシウムが水に溶け込み、そのカルシウムの含有量で水の硬度が決まるのです（マグネシウムの含有量でも判断されます）〔**図2**〕。日本は川が短く流れが急なため岩石にカルシウムが溶け込みにくく、含有量が少ない「軟水」とされます。

カルシウムは水の硬度を決める

▶ カルシウムのおもな用途〔図1〕

[人の骨と歯]

骨と歯の成分はリン酸カルシウム。成人の体内に約1kg含まれている。

[セメント]

主成分は石灰（酸化カルシウム）。コンクリートは建築土木の材料として道路〜建物で用いる。

[石灰の加工品]

カルシウム化合物の白さを活かし、チョーク（炭酸カルシウム）や石膏（硫酸カルシウム）に用いる。

▶ 水の硬度〔図2〕

天然水に含まれるカルシウムおよびマグネシウムの量で、軟水と硬水を分ける。世界保健機構の基準では硬度120mg/L未満が軟水、120mg/L以上が硬水とされる。

アメリカやヨーロッパのように石灰質の地域を長時間通ると硬度は高くなる。日本では地中の滞留が短時間で河川が短く、硬度は低い。

硬度の値（カルシウム、マグネシウムなど）

低 ←――――――――→ 高

軟水　　　　　　硬水

0mg/L　　　120mg/L　　　500mg/L

日本では硬度10〜100mg/Lがおいしい水の目標値と設定されている

日本の水道水の硬度は、水質基準を硬度300mg/L以下としている（石鹸の泡立ちが悪くなるなどの理由で）

なるほど！とわかる 身近な元素の話 2章

Q 尿から見つかった元素ってどんなもの？

| 窒素（ちっそ） | or | カリウム | or | リン |

錬金術師たちは「金」をつくり出そうとするあまり、変わった実験をすることも多かったようです。錬金術師ブラントは尿を集めて、ある元素を発見しました。ブラントが見つけたのはどの元素でしょうか？

錬金術とは、人の手で卑金属（ひきんぞく）（ありふれた金属）を金に変えようとする試み。まだ「あらゆる元素は火・空気・水・土の4元素からできている」とされた時代の技術です。

「黄金色の尿には、銀を金に変える力があるのでは？」。1669年、金を生成しようと考えたドイツのガラス職人ブラントは、**バケツ60**

杯分の尿を煮詰めるなどして、実験でロウのような謎の残留物を見つけました〔**下図**〕。

　尿には水のほかに、窒素、リン、カリウム、ナトリウム、カルシウムなどが入っています。ブラントは、尿を腐らせながら煮つめました。残留物から取り出したロウのような物質は熱するとかんたんに発火したことから、**「光をもたらすもの」＝「phosphorus（フォスフォルス）」＝「リン」**と名づけられました。

　なので、答えは「リン」です。ちなみに窒素は1772年、カリウムは1807年に見つかります。

　リンは「金」にはなりませんでしたが、ブラントの白リンの発見は大騒ぎとなりました。多くの人が白リンを求め、彼は製法を秘密とし、少量しか取れなかったことから高値で売れたそうです。

　1680年、イギリスの化学者ボイルと助手ハンクウィッツは、独自に白リンの製法を突き止めます。白リン工場を開き、白リンの製造で大きな利益を上げたといわれます。

　19世紀には、「グアノ」という窒素とリン酸を多く含んだ鳥獣の糞の化石が見つかります。これが肥料としてアメリカやヨーロッパに輸出され、当時のペルーやチリの繁栄を支えました。

　ちなみに尿は窒素、リン、カリウムの三大肥料を含みます。そこに注目し、新たに尿を活用した肥料づくりの研究も続いています。

錬金術師ブラントの実験

1 1669年頃、空気を断って尿を煮詰めたところ、白いワックス状の物体を得た。

2 白い物体を熱したら自然発火し、暗闇で光を放った。ちなみに60gのリンを得るため5.5トンの尿を煮詰めたといわれる。

44 チタン titanium
[Ti]
鉄より軽く、硬さは2倍?

なるほど! 軽く、強く、さびない性質があり、軽くて硬い。航空機から日用品まで広く利用されている!

　「チタン」を含む鉱石は1791年に発見されましたが、純粋なチタンが取り出せるようになったのは100年以上経った1910年。大量生産の技術が発見されたのは1946年でした。**チタンは白色光沢のある金属元素で、「軽い」「強い」「さびない」**といった性質があり、私たちの生活に欠かせない元素となりました。

　チタンは鉄より軽く、硬さは約2倍、アルミニウムより重いですが硬さは約6倍あり、耐熱性にも優れています。そのため、軽さと硬さが重要な**航空機**、**ロケット**、**宇宙船**などの主要部品で用いられています。身近なものでも、**自動車やキャンプ用調理器具**、**ネックレスやメガネのフレーム**などの装身具などがあります。また、人体に害がなく、金属アレルギーの原因にもなりにくいので、**歯のインプラント**、**歯列矯正ワイヤー**、**関節や骨折の治療に使うボルトやプレート**など、医療分野でも活用されています〔**図1**〕。

　酸化チタンは、光触媒の性質をもちます。光触媒とは、光エネルギーによって化学変化を促進する物質。紫外線が当たった酸化チタンの表面に汚れや細菌が触れると酸化還元反応が起き、汚れや細菌を分解します。酸化チタンを塗ったりすることで、建物の外壁や水回りなどを光で抗菌・除菌、防汚することもできます〔**図2**〕。

チタンは抗菌・防汚にも使われる

▶ チタンのおもな用途 〔図1〕

[航空機]

航空機の部品のうち、温度が600度になるものはチタン合金が使われる。

[装身具]

チタンフレーム

ピアス

軽くて頑丈なので、メガネのフレームやネックレスで使われる。

[医療器具]

歯列矯正ワイヤー

体液に溶け出さず、腐食もせず、硬いので、医療にも用いられる。

▶ 光触媒とは？ 〔図2〕

酸化チタンに光が当たると、その効果で汚れや匂いが分解されたり、汚れがはがれたりする。そのため、トイレの床や住宅の壁に利用される。

光触媒の発見

1967年に光触媒を発見したのは化学者の藤嶋昭氏。自宅は酸化チタンで保護されているという。

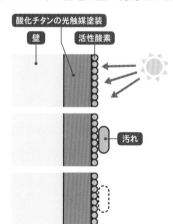

酸化チタンの光触媒塗装

壁

活性酸素

汚れ

太陽の光や蛍光灯の光が当たると酸化チタン表面で酸素が分解され、活性酸素が生じる。

汚れがつくと…

活性酸素が、汚れを水と二酸化炭素に分解する。

45 鉄 iron
[Fe]
実は純粋な鉄はあまり使われない？

「鉄骨」なども実は純粋な鉄でなく、
炭素の混ざった「鋼」が使われている！

「鉄」は銀色に輝く金属元素で、地球の地殻では酸素、ケイ素、アルミニウムに次いで多く存在する元素です。磁力を与えると磁石になる**「強磁性体」**という特徴があります。ほかの物質と化学反応しやすく、湿った空気中では酸化されてさびてしまいます。古代の鉄器がほとんど現代に残らないのはそのためです。

いまも広く使われる鉄ですが、**古くは隕石に含まれる鉄・ニッケル合金を熱し、加工して鉄製品をつくっていました**。紀元前2000年頃から鉄鉱石から製鉄する技術が広がり、鉄製の武器や道具がたくさんつくられるようになります。これにより、青銅器時代から鉄器時代へと移り変わっていきました。

実は、鉄器時代の武器も現代の鉄骨でも純粋な鉄は使われず、炭素を含んだ合金である**「鋼」**が使われています〔**図1**〕。鋼は熱するとやわらかく加工でき、焼き入れ（急激に冷却）すると硬化する合金です。さらに、**ニッケル**、**クロム**、**マンガン**などの金属元素を混ぜた合金鋼も現代の生活で多く使われています〔**図2**〕。

鉄は生命の必須元素でもあります。人体に含まれる鉄の約65％は、赤血球内のヘモグロビンがもっています。この鉄の部分が酸素と結合して、酸素を肺から体中の細胞へ運ぶはたらきをします。

古代の鉄器はさびて残らない

▶ 鋼のつくり方〔図1〕

鉄製品は、炭素を含んだ鉄の合金「鋼」にして使われている。

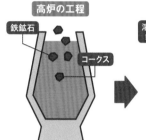

高炉の工程

鉄鉱石

コークス

鉄鉱石とコークス（石炭）を入れて、銑鉄をつくる。銑鉄は炭素を約3%以上含んだ鉄で、硬くてもろい。

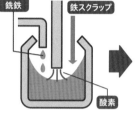

転炉の工程

溶けた銑鉄

鉄スクラップ

酸素

銑鉄と鉄スクラップを入れて、高圧で酸素を吹き込み不純物を除去。炭素が2%以下の「鋼」をつくる。

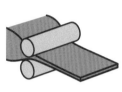

下工程・最終工程

鋼は硬く加工しやすいため、伸ばしたりメッキ加工したりして、鉄板などに仕上げる。

▶ 合金鋼のおもな活用例〔図2〕

[ステンレス鋼]

鋼 ＋ クロム

調理器具は
ステンレス鋼製

腐食に強くさびにくい。水回りの鉄製品でよく見られる。

[高張力鋼 (ハイテン鋼)]

鋼 ＋ ケイ素 や マンガン など

車の
フレームは
高張力鋼

高い引っ張り強さをもつ。橋、建物、自動車などに用いる。

[合金工具鋼]

鋼 ＋ タングステン や クロム など

ドリル部分が
合金工具鋼

とても硬く、耐衝撃性や耐熱性が高い。切削工具などに用いる。

46 銅 copper

[Cu]

使いやすくて、値段もお手頃？

なるほど！ 電気や熱を伝えやすく、値段も安い。
銅合金は硬貨に使われ、抗菌性も◎！

「銅」は、赤っぽい光沢から**「あかがね」**とも呼ばれ、金や銀とともに、古くから知られる金属元素です。昔から銅鉱山で採掘され、現在も鉄、アルミニウムに次いで多く生産される金属です。

銅は電気や熱を通しやすく、腐食しにくく、薄く伸ばしたり細く引き伸ばしたりと、やわらかく加工しやすい金属です。そのため電線、電源コードの導線、電気回路などで使われるほか、水回りや空調設備用の銅管や建物の屋根材にも使われます。長期間さらされた銅製の屋根には**「緑青」**と呼ばれる青緑色のさびが出てきます。主成分は塩基性硫酸銅で毒性はなく、美しい色のためにあえて屋根に緑青を残したりもされています〔**図1**〕。

銅の合金は、紀元前から**青銅**（銅とスズの合金）製の道具などで使われてきました。実は日本の硬貨は銅の合金でできています（1円硬貨を除く）。硬貨は大量＆長期間流通するので、腐食しにくく、強い合金をつくりやすく、そして安くて安定して供給できる金属材料として銅が選ばれたのです〔**図2**〕。

銅（銅イオン）は、銀と同様に抗菌性もあります（➡P130）。銅の容器に付着した細菌を死滅させる効果などの研究も進められており、銀や銅を混ぜ込んだ抗菌ステンレスなども開発されています。

▶ 銅のおもな活用例〔図1〕

[青銅像（ブロンズ像）]

銅とスズの合金。加工しやすくさびにくい。奈良の大仏など、仏像はほとんどが青銅像。

[金管楽器]

金管楽器の一部は真鍮製（銅と亜鉛の合金）。ブラスバンドのブラスは真鍮の英名が由来。

[銅板屋根]

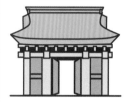

古来より屋根材に使われ、軽くて耐久性が高い。寺社でよく使われる。酸化すると緑青がつく。

▶ 硬貨はだいたい銅製〔図2〕

多量に流通するため、安価で安定供給できる銅やニッケルを用いる。

ニッケル真鍮（黄銅）

500円硬貨※

銅（Cu）	72%
亜鉛（Zn）	20%
ニッケル（Ni）	8%

白銅

100円硬貨

| 銅（Cu） | 75% |
| ニッケル（Ni） | 25% |

白銅

50円硬貨

| 銅（Cu） | 75% |
| ニッケル（Ni） | 25% |

青銅

10円硬貨

銅（Cu）	95%
亜鉛（Zn）	3~4%
スズ（Ni）	1~2%

真鍮

5円硬貨

| 銅（Cu） | 60~70% |
| 亜鉛（Zn） | 30~40% |

1円硬貨

| アルミニウム（Al） | 100% |

船底に銅を塗る？	船底にフジツボなどがくっつき、抵抗でスピードが遅くなるのを防ぐため、船底に銅の化合物（亜酸化銅）が塗られる。以前は、有機スズ化合物が使われたが、安全と環境のため、使用禁止に。

※現在、ニッケル黄銅、白銅、銅を用いたバイカラー・クラッド硬貨も流通している。

銀 silver
金より高価だった時代があった?

なるほど! 熱と電気の伝導性は全金属でナンバー1。
大銀山が見つかるまで金より高価だった!

「銀」は銀白色の美しい金属元素で、金と同じくらい加工しやすい素材。そのため、古くから貴金属として宝飾品や工芸品のほか、日用品や貨幣として使われてきました。銀は光をよく反射するので、ガラスの裏側に銀の膜を貼って、鏡としても活用されています。

紀元前550年頃のトルコでは銀貨が使われ始めていましたが、実はこの時代、**銀は金より高価でした**。16世紀の大航海時代に南米大陸で銀山が見つかるまで、銀の価格は金の2～3倍だったそうです。現在は通貨としてはほとんど使われず、銀器・装飾品・産業用金属として使われています。

銀は、全金属で最も熱と電気の伝導性に優れています。そのため、銀メッキとして家電製品の電気回路や接続端子など、電気機器産業で盛んに使われています〔**図1**〕。

古くから銀には殺菌作用があるとされ、腐敗防止のため銀製容器に飲料水を貯蔵したり、硝酸銀を殺菌剤に用いてきました。銀イオンには微生物細胞の機能を阻害する抗菌作用があり、銀イオンを使った防菌消臭スプレーや日用品があります。ちなみに、**銀は硫黄に触れると黒色の硫化銀に変色します**。硫化水素を含む温泉で、シルバーアクセサリーが黒くなるのはこれが理由です〔**図2**〕。

▶銀のおもな用途〔図1〕

アクセサリーのほか、身近な製品に銀は多用されている。

- シルバーアクセサリー
- 鏡
- 消臭剤
- 銀の食器
- スマホの電子回路

▶シルバーアクセサリーが黒くなる理由〔図2〕

銀の表面で空気中の硫黄と結合すると、黒い硫化銀の皮膜ができる。

[硫化銀の化学式]

$$2Ag \text{（銀）} + H_2S \text{（硫化水素）} = Ag_2S \text{（硫化銀）} + H_2 \text{（水素）}$$

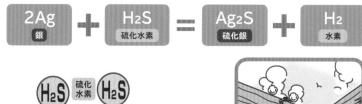

- H_2S 硫化水素
- Ag_2S 硫化銀 ── 硫化銀が黒い変色の原因
- Ag 銀製品

硫化水素に含まれる硫黄と銀が硫化反応を起こし、「硫化銀」になる。

銀製品を温泉地などに持ち込んだり、銀製品を長く使うと、表面が黒ずんでしまうことがある。

48 スズ tin

[Sn]

ほかの金属を支える相棒的存在？

 青銅、ブリキ、ハンダなどとして活用される。ただし、**低温にはめっぽう弱い！**

あまり聞きなじみのない元素「スズ」ですが、実はほかの金属と合わせてとても多く使われている元素です。

スズは銀白色のやわらかい金属元素。空気中でも水中でも安定していて、**腐食しにくい性質**があります。錫石（酸化錫からなる鉱物）からかんたんに取り出せるので、古くから人が利用してきました。

単体ではやわらかすぎるため、ほかの金属と合わせて使われてきました。**青銅**は、紀元前3000年頃から始まる青銅器時代を開いた合金。両方ともやわらかい**銅**と**スズ**を混ぜたところ、硬い合金＝青銅ができたのです。装身具、武器、食器、ブロンズ像などあらゆるものがつくられました。身近なところでは、**10円玉**が青銅です。

スズは、**メッキ**としてほかの金属表面の被膜に使います。**ブリキ**は鉄をスズでメッキしたもので、腐食を防ぎます。缶詰やブリキ缶、ブリキのおもちゃなどで見られますね。ほかにもスズは、鉛などの金属と混ぜて、金属同士をつなぐ**ハンダ**として使われます〔**図1**〕。

スズは見た目が銀に似た色をしているので、現在も装飾品、食器など日用品に使われています。ただし、**スズの単体は寒いところに長く置くと、粉々に劣化するという特性があります**。なので、スズ製の食器は冷凍庫には入れないように注意しましょう〔**図2**〕。

スズは冷やすともろくなる

▶スズのおもな活用例〔図1〕

[ブリキ]

鉄 ＋ スズ

鋼板にスズメッキをしたもの。耐食性があり、毒性がないため、缶詰、おもちゃなどに使われる。

[青銅]

銅 ＋ スズ

銅とスズからなる合金。加工しやすく、紀元前より銅鐸などの祭具、武器、農具、日用品がつくられた。

[ハンダ]

鉛 ＋ スズ

鉛とスズからなる合金。これを融かして金属同士をくっつけたり、電気部品を基盤に固定できる。

▶スズは寒さに弱い?〔図2〕

スズは、常温では白色の金属光沢をもつスズ（白色スズ）だが、長時間13℃以下に置くともろい灰色スズという同位体にどんどん変わる。さらに − 30℃以下になると、とてももろくなる。

スズの器

熱伝導が高く、冷やすとすぐ冷える

冷凍するとぼろぼろになる…

ナポレオンのボタン

1812年、フランスのナポレオンがロシア帝国に侵攻した際、兵士の軍用コートがスズ製のボタンで、極寒でボタンがぼろぼろに壊れた…という逸話がある。当時は冬季に伝染病のようにスズ製品が変色したため、「スズペスト」とも呼ばれた。

49 [Pt] 白金 platinum
はっきん

金よりも貴重で高価な元素?

がん細胞を抑制する、燃料電池の触媒になる…
などの特性があるが、産出量が非常に少ない!

高価な素材といえば「金」ですが、それよりも高価なのがこの**「白金」**です。金の年間産出量が約3,000tなのに対し、白金は約200tと非常に希少。どんな性質をもつ元素なのでしょうか?

「白金」は純白色の金属元素で、ほかの物質と反応しにくく、耐熱性があります。イリジウムやパラジウムといった白金族元素との合金が広く使われ、**宝飾品や万年筆のペン先、歯科治療用の詰め物**などに使われます。また、化学的に安定した性質なので、実験用の器具や電極などにも使われます。

ほかにも、**白金化合物のシスプラチンが抗がん剤として使用**されます。がん細胞の分裂を抑え、死滅させる効果があるのですが、副作用もあるため、改善の研究が継続して進められています〔**図1**〕。

白金は、硝酸などの**化学物質の製造**、**石油精製のための触媒**(化学物質を促進する物質)に欠かせません。白金族元素を触媒にして、排ガスに含まれる**有害物質を無害化する装置**がガソリンエンジン車に組みこまれています〔**図2**〕。燃料電池自動車にも白金は不可欠です。燃料電池では、水素と酸素とを反応させて水をつくるとき電気を発生させます。このとき高温高圧が必要ですが、白金を触媒にすると、低温低圧で反応が進むのです。

白金はいろいろなものの触媒に

▶白金のおもな用途〔図1〕

白金は銀白色の外観から装飾品のほか、その性質を使った用途は意外なほどに広い。

[宝飾品（プラチナ）]

白金の別名はプラチナ。希少性と美しい銀白色から装飾用の貴金属に用いる。

[実験器具]

化学的に安定しているため、るつぼや電極など、実験器具の材料に用いる。

[薬]

シスプラチンは細胞を分裂しにくくする性質があり、がんの化学療法に使われる。

▶白金の触媒とは？〔図2〕

白金は大量の水素や酸素を吸収し、吸収した酸素や水素を活性化するため、酸化還元反応の触媒となる。この性質を利用して、排気ガスを無害化している。

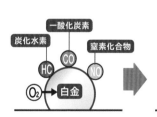

1 白金が酸素を吸収。さらに排気ガスの分子が白金原子に接触する。

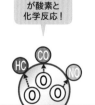

排気ガス分子が酸素と化学反応！

2 活性化した排気ガス分子と酸素が酸化還元反応（➡P69）。

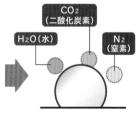

3 有害な排気ガスは、無害な物質に変化する。

　なるほど！とわかる　身近な元素の話 **2章**

50 金 gold

[Au]

大昔からみんな大好き?

美しく、劣化しにくく、加工しやすく、熱と電気を通しやすいスーパー金属として大人気！

　高価な素材として名高い「金」。どんな特性があるのでしょうか？

　金属元素である金は、**ほかの物質とほとんど反応しないため、腐食しにくく、美しい黄金色の輝きが長い間保たれます**。また、**やわらかいことも特徴**で、薄さ0.0001mmの金箔や、金1gを約3kmの金線に伸ばせるなど加工しやすい素材でもあります〔**図1**〕。

　産出量がとても少ないことから、紀元前から装飾工芸品や通貨など、価値の高い貴金属として扱われてきました。古代エジプトのピラミッドから発見された王の黄金マスクもそのひとつ。**約3千年以上経っても、黄金色の輝きを失っていません**〔**図2**〕。現在では通貨としてはあまり用いられず、財産や投機の対象として取引されます。

　金はおもに宝飾品として使われます。金単体ではやわらかすぎるため、銅、銀、白金（はっきん）などと合わせた合金として用いられます。金の純度はカラットであらわし、24カラットが純金となります。

　金は貴重なため、**金メッキ**（金属材料の表面に薄い金の薄膜を被せること）による装飾も行われます。奈良の大仏には水銀を使った金メッキが施されました。ほかにも、金には**熱伝導性、電気伝導性が高い**という特性があるため、家電製品の電気回路や接続端子には金メッキが多用されます。

金は黄金色の輝きを失わない

▶ 金は加工しやすい〔図1〕

金はやわらかく、薄くしたり伸ばしたりととても加工しやすい。

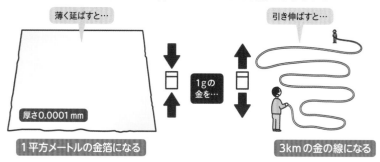

薄く延ばすと…

厚さ0.0001mm

1gの金を…

1平方メートルの金箔になる

引き伸ばすと…

3kmの金の線になる

▶ 黄金のマスクに用いた元素〔図2〕

古代エジプトのツタンカーメン王の黄金のマスク。紀元前14世紀頃のものだが、色あせていない。

マスクは23カラットの金合金板を加工し、18カラットと22カラットの金の合金粉末を塗ったもの。金合金には微量の銀と銅を含む。

黒目 ➡ 黒曜石
- 二酸化ケイ素
- 酸化カルシウムなど

白目 ➡ マグネサイト
- 炭酸マグネシウム

アイライン
➡
ラピスラズリ
- ケイ酸
- アルミニウム
- 硫黄
- 塩素 など

現代の錬金術？　金とは別の原子同士を加速器を使って衝突させることで、金をつくることは可能。しかし、そのために使用するエネルギーに見合う量の金はつくれず、到底採算はとれないとされる。

※出典：宇田応之「ツタンカーメン黄金のマスクのX線分析」を参考に作成した。

なるほど！とわかる　身近な元素の話　**2章**

Q 人類がこれまでに掘り出した 金の量ってどれぐらい？

| プール※ 3つ分 | or | ドーム球場 3つ分 | or | 国際空港 3つ分 |

金は、古来より世界中の人々を魅了し続けてきました。実は、これまで金がどのくらい採られてきたのか、産出量が見積もられています。現在まで、どれほどの金が掘り出されてきたのでしょうか？

紀元前3000年頃のメソポタミア文明やエジプト文明の遺跡から金の装飾品が出土するなど、**金は人間が古くから知っていた金属元素**です。金は、鉱山や川床といった天然から、自然金の形で見つかります。目で見えないほどの砂金や数グラムの金塊として出ることもあれば、銅や鉛など鉱石に混じっていたりもします。**金鉱石か**

※プールは長さ50メートル、幅25メートル、深さ2.75メートルで計算。

らは、平均約5g／トンの金が採れるとされます。かなり少なく感じますよね。金は極めて産出量が少ないことで知られる金属元素でもあるのです。

さて、これまで地球上からどのくらいの金が採られてきたのでしょうか？　**2021年までの金産出量は、約20万トンと見積もられています**。これは、オリンピックの競技用プールの約3個分とされます。なので答えは「プール3つ分」です。掘り出された金は、46%が宝飾品に、22%が投機用の金塊・金貨に、17%は中央銀行が保有しているようです。

毎年、約3,000トンの金が採掘されていますが、あとどのくらい金は埋まっているのでしょうか。**世界で採掘可能な金は約5万トンと見積もられています**。ただ、現状はコスト的に見合わないだけで、いずれ採掘可能となる金もまだまだたくさん眠っているようです。

例えば、海水も金を含んでおり、その総量は地殻中よりも多いとされます。ちなみに2022年の金産出国のベスト3は中国330トン、オーストリア320トン、ロシア320トンです。日本でも鹿児島の菱刈鉱山で年間6トンほどの金を産出しています。

金の産出量の多い国は?	
国名	1年間の産出量 (2022年)
中国	330トン
オーストラリア	320トン
ロシア	320トン
カナダ	220トン
アメリカ	170トン
カザフスタン、メキシコ	120トン
南アフリカ	110トン

[金の掘り方]

1 金鉱山に坑道を掘って、鉱脈にたどり着く。

2 発破などで鉱脈を砕き、鉱石を運び出す。1トン掘り出して平均5gの金を得る。

3 金鉱石を選別し、製錬所へ。

4 製錬所で純金を取り出す。

※出典：U.S. Geological Survey - Mineral commodity summaries 2023

なるほど！とわかる　身近な元素の話 **2章**

51 鉛 lead
[Pb]
便利な重金属だけど取扱注意?

 なるほど! 鉄砲の鉛玉、印刷などさまざまに使われたが、毒性があるので他金属への置き換えが進んだ!

「鉛」は、古くから人間が使ってきた金属元素。もともとは蒼白色ですが、空気中で酸化して鉛色（青黒色）に変わります。方鉛鉱という鉱石から取り出せて、溶けやすく、やわらかく、加工しやすく、腐食しにくい（表面に酸化被膜ができれば）性質があります。

ローマ帝国の大都市では**鉛製の水道管や容器**が使われ、**散弾銃の鉛玉**、**化粧品のおしろい**、**活版印刷の活字**、**医薬品**、**絵画の顔料**…など、鉛や鉛化合物はさまざまな実用品で使われてきました。

しかし、**鉛には毒性があります**。血液に入ると、酸素を運ぶヘモグロビンの合成を阻害して貧血になります。体内に蓄積されると、手足のしびれや脳障害などを引き起こす原因にも。現在は身近なものには使われなくなり、別の金属への置き換えが進んでいます。

替えの利かないものでは、現在でも鉛が使われます。自動車のバッテリーに使われる鉛蓄電池や、放射線を通さない性質から、Ｘ線を用いる**レントゲン検査で遮蔽の必要な箇所**に使われます〔**図1**〕。

鉛の陽子の数82個は安定性の高い数字とされます。ウランなど天然の放射性元素は、原子核が壊れていくと最後には鉛に変わります。この性質を用いて、**数億〜数十億年前といった地球最古の岩石や鉱物の年代測定**を行うことができます〔**図2**〕。

鉛は、毒性がある元素

▶鉛のおもな活用例〔図1〕

過去

鉛製の酒器

鉛製の水道管

古代ローマでは酒の容器に、古くは日本でも水道管に鉛を使った。古代ギリシャでは、化粧品に鉛おしろいが使われたとされる。

現代

鉛バッテリー

鉛製放射線防護エプロン

現代でも、自動車のバッテリー（鉛蓄電池）やレントゲン検査で着るX線防護用の鉛エプロンなどで用いられる。

▶ウラン・鉛年代測定法〔図2〕

岩石や鉱石に含まれる鉛の量を調べることで、その岩石が何百万年前～数十億年前のものか、年代を推定できる。

時間の経過で、鉱物の内部で放射性元素のウランが崩壊して鉛に変わる。

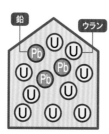

鉛　ウラン

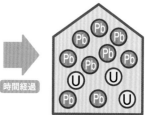

時間経過

岩石に含まれる鉛の数を数えれば、岩石の年齢がわかる！

ローマ人は鉛中毒が多かった？	ローマ帝国では生活用水を供給するために水道を建設し、水道管に鉛管を使った。また、ワインの酢酸と鉛が反応してできる「酢酸鉛」はワインを甘くするため、ワインの保存に鉛を使った。そのため、ローマ人には鉛中毒が多かったとされる。

なるほど！とわかる　身近な元素の話 **2**章

52 ウラン uranium
[U]
原子力に必須。でも、元々は着色剤?

「核分裂」を起こす放射性元素。
元々はガラスの色づけに使われていた!

　「ウラン」は原子力に必要な元素ですが、実は核分裂が発見される
まで、**ガラスを蛍光緑色に色づける着色剤**に使われていました。

　1896年、フランスのベクレルは、ウランから未知の光線が出て
いることを偶然発見し、**放射性元素**を見出します〔**図1**〕。1938年、
ウランに中性子を当てると、バリウムが生まれるという予想外の現
象を発見。**原子番号92のウランの原子核**が、**原子番号56のバリ
ウムと原子番号36のクリプトンに分裂**し、大きなエネルギーが生
じることを突き止め、**「核分裂」**の発見につながります〔**図2**〕。

　1939年、イタリアのフェルミらが**核分裂連鎖反応**を発見。連鎖
反応を起こすのは**ウラン235**。核分裂しやすい放射性同位体で、崩
壊して半分がほかの元素に変わるまでの期間（半減期）は約7億年。

　中性子がウラン235の原子核に当たると分裂し、エネルギーが発
生。このときさらに中性子が放出され、連鎖的に分裂します。**1g
のウラン235から石油2,000Lを燃やしたのと同じくらいの熱が
出ます**。1942年、核分裂連鎖反応を制御して世界初の原子炉がつ
くられました。核分裂を一度に起こし暴走させたのが原子爆弾です。

　ちなみに、天然に存在するウランのほとんどはウラン238で、核
分裂しにくい放射性同位体です（半減期は約45億年）。

ウランは<u>核燃料</u>に用いられる

▶ ウラン原子核の崩壊〔図1〕

ウランをはじめとする、放射性元素は原子核が不安定。時間の経過とともに放射線を放出して崩壊し、別の元素へと変わっていく。

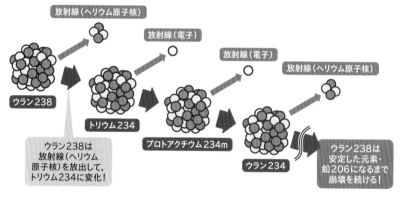

放射線（ヘリウム原子核）

ウラン238

放射線（電子）

トリウム234

ウラン238は放射線（ヘリウム原子核）を放出して、トリウム234に変化！

放射線（電子）

プロトアクチウム234m

放射線（ヘリウム原子核）

ウラン234

ウラン238は安定した元素・鉛206になるまで崩壊を続ける！

▶ ウランの核分裂〔図2〕

ウランの原子核に中性子が当たると原子核が分裂し、同時に熱エネルギーと中性子が発生。原子炉ではこの熱エネルギーを利用して、電気をつくる。

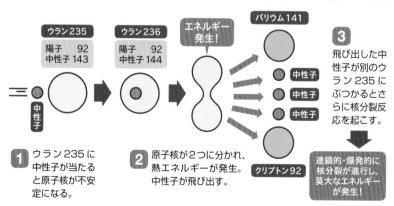

ウラン235	ウラン236
陽子　92	陽子　92
中性子 143	中性子 144

中性子

エネルギー発生！

バリウム141

中性子

中性子

中性子

クリプトン92

1 ウラン235に中性子が当たると原子核が不安定になる。

2 原子核が2つに分かれ、熱エネルギーが発生。中性子が飛び出す。

3 飛び出した中性子が別のウラン235にぶつかるとさらに核分裂反応を起こす。

連鎖的・爆発的に核分裂が進行し、莫大なエネルギーが発生！

※上図はウラン235の核分裂の一例。

なるほど！ とわかる 身近な元素の話 **2章**

53 プルトニウム plutonium
[Pu]
人類のつくり出した危険な元素?

なるほど! 高い放射能と強い毒性をもつが、
「原子炉」「原子力電池」に用いられる!

　「プルトニウム」は、1940年につくられた人工元素〔**図1**〕。その
正体は、**強い放射能と毒性をもつ放射性元素です**。体内に取り込ま
れて長くとどまる場合、内部被ばくして、骨や肝臓にたまってがん
の原因となるとされます。

　プルトニウムは、**高速増殖炉の燃料**に用いられます。高速増殖炉
とは、核燃料のウラン238に中性子を吸収させて、プルトニウム
239をつくり出すことで、発電しながら消費した量以上の核燃料を
生み出す原子炉のこと。**通常の原子炉の約60倍ものエネルギー発
生量**があるとされます〔**図2**〕。

　同位体のプルトニウム239は、中性子照射によって核分裂連鎖
反応を起こします。長崎市に投下された**原子爆弾の核物質**にプルト
ニウム239が使われました。

　同位体のプルトニウム238は核分裂性がないため、軽量で長寿命
の**原子力電池**として、アポロ宇宙船やニューホライズンズ探査機な
どのエネルギー源に活用されています（➡P74）。

　放射性崩壊によりプルトニウム239の半分がほかの元素に変わ
るまでの期間（半減期）は2万4,110年。核拡散につながらないよ
うに、プルトニウムの管理・廃棄は、人類の課題となっています。

毒性の強い人工元素

▶ プルトニウムが見つかるまで〔図1〕

アメリカのカリフォルニア大学バークレー校のチームが、ウラン238に重陽子（陽子1中性子1）を照射することで、プルトニウムをつくり出した。また、プルトニウムは原子炉内で下図の過程で生じる。

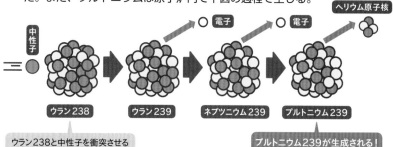

中性子

電子　電子　ヘリウム原子核

ウラン238　ウラン239　ネプツニウム239　プルトニウム239

ウラン238と中性子を衝突させる

プルトニウム239が生成される！

▶ 高速増殖炉とは？〔図2〕

発電しながら消費した以上の核燃料をつくり出せる原子炉。

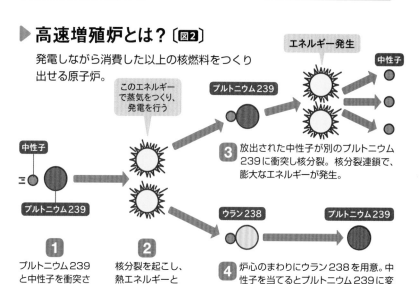

このエネルギーで蒸気をつくり、発電を行う

エネルギー発生

中性子

プルトニウム239

中性子

プルトニウム239

1 プルトニウム239と中性子を衝突させる。

2 核分裂を起こし、熱エネルギーと中性子を放出。

3 放出された中性子が別のプルトニウム239に衝突し核分裂。核分裂連鎖で、膨大なエネルギーが発生。

ウラン238　プルトニウム239

4 炉心のまわりにウラン238を用意。中性子を当てるとプルトニウム239に変わるため、これを新たな核燃料に利用。

夢の中で周期表を発明？

ドミトリ・メンデレーエフ

（1834 – 1907）

メンデレーエフはロシアの化学者です。元素を原子量の順に並べると、似た性質の元素が繰り返しあらわれることに気づき、当時知られていた63種類の元素を、未知の元素も含めて整理します。このようにして、現在の「元素の周期表」の基礎をつくり上げた人物です。

メンデレーエフは、シベリア・トボリスクに14人兄弟の末っ子として生まれました。サンクトペテルブルグ大学で数学、物理、化学を学び、1864年に化学教授になります。彼は大学の講義のため、教科書『化学の原理』を書き始め、そこで元素の解説を考えたことが「周期表」づくりのきっかけとなりました。

しかし、メンデレーエフは「繰り返し」＝周期性の法則に気づいたものの、まとめるのに苦労していたそうです。ある日、朝から晩まで元素と向き合い、

煮詰まって眠りに落ちたところ、夢の中で鮮明な「周期表」を見ました。彼は目を覚まし、その夢で見た「周期表」を、机にあった封筒の裏に素早く書き写し、完成させたそうです（➡ P20）。

メンデレーエフはこのほかにも、技術百科事典の刊行、油田の調査やロシア初の石油精製所の設立など、化学研究や産業の発展に力を尽くしました。101番元素のメンデレビウムは、彼の業績を称えて命名されたものです。

3章

明日話したくなる

元素の話

「元素の名前の由来は?」「イオンとは?」
「人工元素とは?」といった話から、
「錬金術の歴史」まで、他人につい話したくなる、
元素のトリビアを見ていきましょう。

54 元素の名前は どうやって決まる?

天体、神話、地名など由来はさまざま。
新元素は**発見者が命名**できる!

元素の名前は、どうやって決まるのでしょうか?

すべての元素名には由来があって、その名づけられ方はさまざまです。例えば**水素**は、酸素と反応して水になることから、**ギリシャ語のhydro (水) とgenes (つくる)** から名づけられました。

金属元素の**コバルトは、小鬼コボルトから名づけられました**。コバルトを含む鉱石はヒ素も含み、金属を取り出す際に有害な煙が出るため、鉱夫から恐れられました。これを鉱夫は仕事を邪魔する小鬼のしわざと考え、鉱石をコボルトと名づけ、それが由来となりました。元素の名前の由来は、天体、神話、地名・国名など、ある種のパターンに整理できます〔➡P149~151 **図1**~**図5**〕。

元素の命名は、たいていその元素を発見した人が行ってきましたが、命名に当たって問題が起きることもありました。例えば、金属元素の**ニオブ**は発見に紆余曲折があり、1801年にコロンビウム、1844年にニオブと名づけられました。長くヨーロッパではニオブ、アメリカではコロンビウムと呼ばれましたが、1949年にニオブに統一されました。このような事態を避けるため、現在は1919年に設立された**国際純正・応用化学連合 (IUPAC) が決めたルールに基づいて、発見者が命名することになっています**〔➡P151 **図6**〕。

元素の発見者が命名権をもつ

▶ 神話に由来する元素 〔図1〕

※ウランの由来は、惑星の天王星（ウラノス）か神話のウラノスか、論争がある。

元素名		由来の神話
● チタン（チタニウム）	titanium	ギリシャ神話の巨人神の一族「タイタン」
● バナジウム	vanadium	北欧神話の女神「バナジス」
● ニオブ（ニオビウム）	niobium	ギリシャ神話のタンタロスの娘「ニオベ」
● タンタル（タンタラム）	tantalum	ギリシャ神話のゼウスの息子「タンタロス」
● イリジウム	iridium	ギリシャ神話の虹の女神「イリス」
● トリウム	thorium	北欧神話の雷神「トール」
● プロメチウム	promethium	ギリシャ神話の神「プロメテウス」
● ウラン（ウラニウム）※	uranium	ギリシャ神話の天空神「ウラノス」

コロンビウムは1801年、タンタルは1802年に発見・命名されたが、同じ元素と勘違いされ、当時どちらもタンタルと呼んだ。1844年にニオブが発見され、よく調べるとコロンビウムとタンタルは別元素、ニオブとコロンビウムが同一元素と判明。そのため、しばらくニオブとコロンビウムは併用された。

▶ 原材料名に由来する元素 〔図2〕

元素名		由来の原材料
● ベリリウム	beryllium	ギリシャ語で「緑柱石（ベリル）」
● ホウ素（ボロン）	boron	アラビア語で「ホウ砂（ブラーク）」
● 炭素（カーボン）	carbon	ラテン語で「木炭（カルボー）」
● 窒素（ナイトロジェン）	nitrogen	ギリシャ語の「硝石（ニトロン）」など
● フッ素（フルオリン）	fluorine	ラテン語で「蛍石（フローライト）」
● アルミニウム	aluminium	ラテン語で「ミョウバン（アルーメン）」
● ケイ素（シリコン）	silicon	ラテン語で「すい石（サイレックス）」
● カリウム（ポタシウム）	potassium	草木灰（ポタッシュ）
● カルシウム	calcium	ラテン語で「石灰（カルックス）」
● マンガン（マンガニーズ）	manganese	軟マンガン鉱（マンガナス）
● ジルコニウム	zirconium	宝石ジルコン
● モリブデン	molybdenum	鉛色の鉱石（モリブデナ）
● カドミウム	cadmium	ラテン語で「閃亜鉛鉱（カドミア）」
● タングステン	tungsten	スウェーデン語で「重い石（タングステン）」

▶地名に由来する元素名〔図3〕

元素名		由来の地名
●マグネシウム	magnesium	ギリシャのマグネシア地方
●スカンジウム	scandium	スカンジナビアのラテン語名「スカンジア」
●銅* (カッパー)	copper	キプロス島のラテン語名「ケプラム」
●ガリウム	gallium	フランスのラテン語名「ガリア」
●ゲルマニウム	germanium	ドイツの古名「ゲルマニア」
●ストロンチウム	strontium	スコットランドの村、ストロンチアン
●イットリウム	yttrium	スウェーデンの村、イッテルビー
●ルテニウム	ruthenium	ウクライナ西部のラテン語名「ルテニア」
●ユウロビウム	europium	ヨーロッパ
●テルビウム	terbium	スウェーデンの村、イッテルビー
●ホルミウム	holmium	ストックホルムのラテン語名「ホルミア」
●エルビウム	erbium	スウェーデンの村、イッテルビー
●ツリウム	thulium	世界最北端にある伝説の島、トゥーレ
●イッテルビウム	ytterbium	スウェーデンの村、イッテルビー
●ルテチウム	lutetium	パリのラテン語名「ルテティア」
●ハフニウム	hafnium	コペンハーゲンのラテン語名「ハフニア」
●レニウム	rhenium	ライン川のラテン語名「レーヌス」
●ポロニウム	polonium	ポーランドのラテン語名「ポロニア」
●フランシウム	francium	フランス
●アメリシウム	americium	アメリカ大陸
●バークリウム	berkelium	アメリカの都市、バークレー
●カリホルニウム	californium	アメリカの州、カリフォルニア州
●ドブニウム	dubnium	ロシアの都市、ドゥブナ
●ハッシウム	hassium	ドイツヘッセン州のラテン語名「ヘッシア」
●ダームスタチウム	darmstadtium	ドイツの都市、ダルムシュタット
●ニホニウム	nihonium	日本
●モスコビウム	moscovium	ロシアの州、モスクワ州
●リバモリウム	livermorium	アメリカの都市、リバモア
●テネシン	tennessine	アメリカの州、テネシー州

フランスの化学者フランソワ・ルコック・ド・ボワボードランは、発見した元素にガリウムと名づけた。実は当時「ルコックのラテン語名gallus（ガルス）が由来では」「元素に自分の名前をつけたのでは」との噂が立った。しかし後日、彼は「フランス（ガリア）に敬意をあらわした」と否定している。

※銅の由来「ケプラム」はキプロス島の名前か、その島で採れた鉱石の名前か、諸説ある。

▶天体に由来する元素名〔図4〕

元素名		由来の天体名
●ヘリウム	helium	ギリシャ語で「太陽（ヘリオス）」
●セレン（セレニウム）	selenium	ギリシャ語で「月（セレーネ）」
●パラジウム	palladium	小惑星パラス
●テルル（テルリウム）	tellurium	ラテン語で「地球（テラ）」
●セリウム	cerium	準惑星ケレス
●ネプツニウム	neptunium	海王星（ネプチューン）
●プルトニウム	plutonium	冥王星（プルート）

▶色に由来する元素名〔図5〕

元素名		由来の天体名
●塩素（クロリン）	chlorine	ギリシャ語・ラテン語の「黄緑色（クロロス）」
●クロム	chromium	ギリシャ語の「色（クローマ）」
●ルビジウム	rubidium	ラテン語で「暗い赤色（ルビドゥス）」
●ロジウム	rhodium	ギリシャ語の「バラ色（ロデオス）」
●インジウム	indium	ラテン語で「藍色（インディクム）」
●ヨウ素（アイアダイン）	iodine	ギリシャ語の「すみれ色（イオエイデース）」
●セシウム	c(a)esium	ラテン語で「青色（カエシウス）」

▶元素名の命名ルール〔図6〕

新元素の名前は、1919年に設立された国際純正・応用化学連合（IUPAC）が決めたルールに基づいて、発見者が命名する権利をもつ。

元素の命名の流れ

1 新しい元素が見つかるとIUPACで審査。

2 新元素と判断されると、発見者に命名権が与えられる。

3 命名のときは、「神話」「鉱物」「場所」「科学者」「元素の性質」に由来する名前をつける。

4 最後に金属元素は「-ium」、17族元素は「-ine」、18族元素は「-on」をつける。

5 つけられた名前は、再びIUPACの審査を経て認定される。

命名に関する最初の国際会議は1860年、化学者ケクレらによって、ドイツ・カールスルーエで開かれた。

55 恐竜絶滅の証拠？「イリジウム」の功績

なるほど! 恐竜が絶滅した年代の地層で、隕石に含まれるイリジウムが大量発見された！

恐竜はなぜ絶滅したのでしょうか？　その謎のカギを握るのが、**金属元素「イリジウム」**です。

イリジウムは、金属の中で最もさびにくく、硬くてもろい元素。金属元素白金（はっきん）との合金が万年筆のペン先に使われ、金属元素ロジウムとの合金は自動車の点火プラグに利用されます。イリジウムは、地球の地殻やマントルにほとんど含まれていませんが、隕石に多く含まれています。この**イリジウムが、中生代白亜紀と新生代古第三紀の境界（K-Pg境界）に当たる地層で大量に発見された**のです。

K-Pg境界と呼ばれるこの地層は、ちょうど恐竜などの生物が大量絶滅した約6,600万年前の地層です。つまり、その時代に地球外からの巨大な隕石が衝突して粉々になり、その隕石に含まれるイリジウムが地表に撒き散らされたと考えられるのです。**この地層でのイリジウムの発見が、「地球へ巨大な隕石が落ちたことで、恐竜が絶滅した」という仮説の有力な根拠**となりました〔**右図**〕。

メキシコのユカタン半島では、直径約180kmもあるチクシュルーブ・クレーターが発見され、恐竜を絶滅させた巨大な隕石が衝突した跡とされています。そのクレーターのイリジウムの量などから、直径約10kmの巨大な隕石であったことも推定されています。

イリジウムは隕石に多く含まれる

▶ 巨大隕石の衝突とイリジウム

巨大隕石が衝突して地表にイリジウムが降り注いだため、金属元素のイリジウムを多量に含むK-Pg境界層ができたと考えられている。

どうやってイリジウムが降り注いだ？

1 約6,600万年前に、直径10kmほどの隕石が地球に衝突。この衝突が引き金となり、恐竜をはじめとする動植物が大量絶滅したとされる。

隕石

2 衝突で隕石が粉々に砕けて、隕石に含まれるイリジウムなどの元素が大量の塵となって地表に広くばらまかれた。

イリジウム

3 イリジウムはK-Pg境界層に高濃度に存在。イリジウムは地殻やマントルにほとんど含まれないことから、隕石衝突が生物絶滅を引き起こしたという仮説が有力になっている。

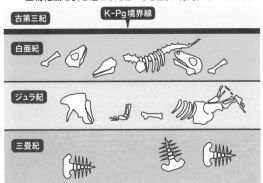

古第三紀
K-Pg境界線
白亜紀
ジュラ紀
三畳紀

科学者の調査／見解

- イリジウムが凝集している地層が見つかる。
- その上の層を境に恐竜の化石が見つからない。
- 直径180kmのクレーターが見つかる。
- 地層のイリジウム層と地球の表面積から、隕石の大きさを直径約10kmと推定。

明日話したくなる　元素の話 **3章**

56 金を生み出す錬金術と元素の関係性は?

錬金術は元素に関する研究に貢献したが、17世紀には否定された！

「金の生成」や「不老不死」にさせる賢者の石を追い求め、古代〜中世にかけて研究が活発だった「錬金術」。**「万物の根源は何か」**を考え、そのおおもとである**元素の正体を探求する過程で、錬金術は生まれた**とされています。

古代ギリシャの哲学者アリストテレスは、「万物は完全さを目指す」と主張しました。そして、**不完全に見える「卑金属（銅、鉄、鉛、スズ）」から、完全な「金」がつくれるのでは**…という期待から、錬金術の理論は始まりました。錬金術の理論には、万物の根源は4元素（火、土、水、空気）からなるという**4元素説**〔**図1**〕や、根源的物質を硫黄、水銀、塩と考える**3原質論**などがあります。

金の生成などを追い求める側面から、錬金術の理論には怪しいものも多かったようです。それでも古代〜中世という長い期間、錬金術の理論は化学者によって研究が続けられてきました。この過程から、金属や合金の製造技術が進化したり、錬金術で得られた原理を医学に応用したりと、**その知識や実験器具は現代の自然科学の礎となってきました。**

しかし実験技術の進化もあり、錬金術の4元素説と3原質論はイギリスの化学者ボイルによって17世紀に否定されました〔**図2**〕。

卑金属が金になる?

▶4元素説とは?
〔図1〕

すべての物質は、火、土、水、空気の4元素からなるとする説。

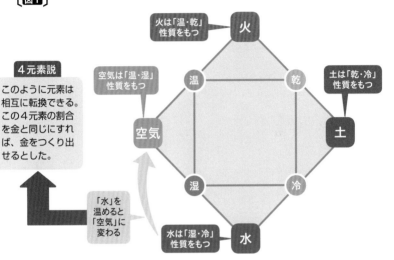

4元素説

このように元素は相互に転換できる。この4元素の割合を金と同じにすれば、金をつくり出せるとした。

「水」を温めると「空気」に変わる

火は「温・乾」性質をもつ

空気は「温・湿」性質をもつ

土は「乾・冷」性質をもつ

水は「湿・冷」性質をもつ

火　温　乾　土
空気　温　乾
湿　冷
水

▶錬金術の否定
〔図2〕

1661年、化学者ボイルは著書『懐疑的化学者』で「元素は冷温乾湿の性質の中でなく、物質それ自身の中で探すべき」と4元素説を否定。実験で元素を分析できることを主張した。

ボイルの主張

実験で物質を分解していくと、それ以上分解できない粒子・元素に到達できる!

火　土　水　空気

＝

物質

＝

粒子の集まり

元素を生かす 美しい建造物

元素名 炭素、窒素、ネオン、アルミニウム、ケイ素、カルシウム、チタン、クロム、鉄、銅、ガリウム

人が創り出した美しい造形物には、どんな元素が含まれるのでしょうか。神殿、高層ビル、LED などの造形物を見てみましょう。

大理石の神殿

材料 大理石（カルシウム、炭素 など）

古代ギリシャ時代のパルテノン神殿。紀元前447年から15年をかけて完成。大理石でできており、山から切り出した石材を16km運んだとされる。

はじめての鉄橋

イギリス・シュロップシャー州のアイアンブリッジ。1781年に開通。世界初の鉄橋で全長60ｍ、384トンの鉄が使われた。

材料 鋳鉄（鉄、炭素、ケイ素 など）

夜を彩る

昭和の銀座のネオンサイン。1910年、パリで貴ガス元素を封入したネオンサインが登場。以降電飾看板として、夜の街を彩った。

材料 貴ガス元素（ネオンなど）

宇宙の拠点

国際宇宙ステーション。各国のつくったパーツを連結した構造で使用材料は異なるが、軽くて丈夫なアルミニウム合金が多用されている。

材料

アルミニウム、ステンレス鋼（鉄、クロム、炭素）、チタン など

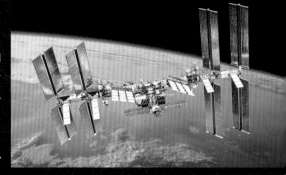

国のシンボル

アメリカの自由の女神像。1886 年当初は錬鉄（鉄と炭素）の骨組みを 80 トンの銅板で覆った。のちに骨組みはステンレス鋼に。

材料

銅、ステンレス鋼（鉄、クロム、炭素）など

地上の星

材料　ガリウム、窒素 など

街を彩るイルミネーションは LED の普及で一般的に。LED は発光する半導体で、ガリウムや窒素などが材料。

超高層ビル

アラブ首長国連邦ドバイの超高層ビル、ブルジュ・ハリファ。高さは 828m。外壁はアルミニウムとステンレス鋼、2 万 6,000 枚の窓ガラスで構成される。

材料

（外壁）アルミニウム、ステンレス鋼（鉄、クロム、炭素）、ケイ素 など

57 美のために毒を使う？化粧品と元素の歴史

クレオパトラやエリザベス一世の化粧品など、昔の化粧品には**毒性のある元素**が使われた！

女性を美しく彩る「化粧品」。いまでは一般的に使われていますが、昔は高貴な女性がおもに使用していました。美しさを求めてさまざまな素材が活用されてきましたが、**なかには危険な元素を使った化粧品もあった**ようです〔**右図**〕。

古代エジプトの美女**クレオパトラ**は、目を大きく見せるために黒い鉱物粉末を使用。黒く目のまわりを縁取り、まゆを描いていました。当時はこの粉末が、魔除けや目の感染症予防になるとも考えられていたそうです。しかし、その正体は、**輝安鉱（きあんこう）に含まれるアンチモンという半金属元素**。毒性があり、現在では使われていません。

中世ヨーロッパでは、肌の白さが追求されました。イギリスの女王**エリザベス一世**は、天然痘の傷跡を隠し、肌をきれいに見せるため、**鉛白（えんぱく）（炭酸鉛）**の含まれたおしろいを塗りました。さらに、唇は水銀を主成分とする**辰砂（しんしゃ）（硫化第二水銀）**で赤く染めていました。**鉛も水銀も毒性のある金属元素**。当時の人々は鉛中毒や水銀中毒を多発し、肌を悪くし、抜け毛の原因にもなったといわれています。

最近の化粧品では、金属元素のチタンや亜鉛の化合物など問題のない元素が使われています。酸化チタンや酸化亜鉛は白色顔料で、肌への刺激も少ないとされ、多くの化粧品に使われています。

進化する化粧品の材料

▶ 時代によって変わる化粧品の材料

昔は強い毒性の元素が使われていたが、現在は研究が進み、安全とされるものが使われている。

過去の危険な化粧品 ❶ 　材料：アンチモン

古代

古代エジプト、ギリシャ、アラブなどでは、輝安鉱の粉末（硫化アンチモン）に液体を混ぜてアイメイクに使った時代もあった。アンチモンには強い毒性があり、取り過ぎると中毒症状を起こし、急性の場合、嘔吐や下痢を起こす。

アイメイク

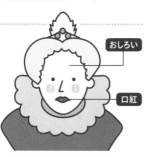

おしろい

口紅

過去の危険な化粧品 ❷ 　材料：鉛、水銀

中世

おしろいの原料に鉛白（炭酸鉛）や甘汞（かんこう）（塩化第一水銀）、口紅や頬紅の原料に辰砂（硫化第二水銀）という深赤色の鉱石を用いた時代もあった。鉛中毒になると、神経過敏・情緒不安定になる。水銀の毒性は水銀化合物によって異なるが、多くの人々が中毒に苦しんだという。

現代の大丈夫な化粧品 　材料：チタン、亜鉛

現代

現代の化粧品に盛んに使われている酸化チタンは、屈折率が高いため、白さが際立つ。そして、紫外線を遮断し可視光を透過するため透明性が高くなる。酸化亜鉛は殺菌作用もあり、ベビーパウダーにも使われている。

アルコールという名の化粧品？

アイシャドウとして用いられたアンチモンの粉末は、当時アラビア語で「アルコール」と呼ばれた。その後、酒のこともアルコールと呼ぶようになり、18世紀は両方の意味で使われたという。

58 元素は猛毒にも薬にもなりうる?

なるほど! 猛毒とされる**ヒ素**も**白血病**の薬などに**使用**。有害な物質と薬は、**実は背中合わせ**!

　猛毒とされる元素でも、摂取量によっては薬になる驚きの元素があります。毒にも薬にもなる元素ってどんなものでしょうか?

　ヒ素の化合物には、毒性があることで有名です。ヒ素化合物を毒薬とした数々の悲惨な事件も起きていますが、紀元前からさまざまな病気の治療薬としても用いられました。効果がなく、かえって危険なヒ素薬品も多かったようですが、梅毒治療などに役立ったものもあります。現在、古くからのヒ素薬品はほとんど使われませんが、**実はヒ素を使った白血病の薬が開発されています**。毒とされる元素も薬になるのです〔**右図**〕。

　人にとって必須の元素にも、取り過ぎると毒になるものがあります。銅は、貧血や動脈硬化の予防がありますが、取り過ぎると中毒を起こし、腎臓を損傷して命を落とすことも。実は、ヒ素も生命に必須な元素と見られています。

　このように、元素は生命維持のためには取らなければならないものもあり、その反面、取り過ぎると生命を脅かすこともある、諸刃の剣のようなもの。16世紀のドイツの医師パラケルススは**「すべての物質に毒があり、毒を含まないものはない。毒になるか薬になるかは服用量による」**と唱えました。何事も適量が大切なのですね。

適量を摂取すれば薬になることも

▶ 毒と薬は紙一重？

人体には必須だが、場合によっては毒になる元素がある。

ヒ素の場合

1 ヒ素の化合物は、古くから「毒殺」に使われてきた。

2 一部のヒ素化合物は、徐々に慣らせば致死量以上でも耐えられることもあり、「梅毒治療」などに使われた（現在は使われていない）。

3 現代でも、急性前骨髄球性白血病の治療薬に、ヒ素化合物が「薬」として用いられる。

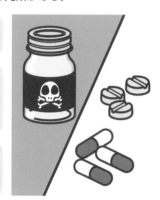

人体に必須だが、適量でないと害にもなるおもな元素

元素	人体でのはたらき	足りないと…	取り過ぎると…
フッ素	歯を丈夫に、骨の形成を促進する。	虫歯になる。	歯に斑点が生じる斑状歯などの中毒症状。
鉄	酸素を貯蔵するタンパク質の構成成分となり、酸素を全身に運搬する。	貧血を起こす。	体内に鉄が過剰に蓄積される過剰症や中毒症が起きることも。
銅	さまざまなタンパク質と結びつき、ヘモグロビンに鉄を運ぶなどする。	貧血、骨異常など。	嘔吐、下痢、腎臓の損傷、貧血を引き起こすことも。
亜鉛	酵素（体内の化学反応を促進する触媒）の成分。	成長障害、免疫機能低下、味覚障害 など。	過剰な摂取は食欲不振や嘔吐・下痢の原因に。
ヨウ素	甲状腺ホルモンの成分。	甲状腺のはたらきが低下する。	甲状腺がはたらき過ぎになる。

明日話したくなる　元素の話 **3**章

59 文明を照らしてきた？ 元素と照明の歴史

なるほど！ ろうそくから**ガスマントル**まで、さまざまな**元素**による**照明**がつくられてきた！

　文明を照らす光、といっても過言ではない「照明」。LEDや白熱電球の発明より以前は、動植物の油を使ったあかりやろうそくなど、人は物を燃やした光を照明としてきました〔**右図**〕。

　灯火油に使われた菜種油は**炭素・水素・酸素**が、**ろうそく**の原料・蜜蝋（みつろう）は**炭素と水素**が主成分と、照明にはさまざまな元素が活用されています。1797年、これらより明るい照明、**ガス灯**をイギリス人のマードックが発明します。石炭の蒸し焼きから発生する石炭ガス（**一酸化炭素と水素**）を燃料に、赤い炎をあかりとしました。

　これをさらに明るくしたのが、1886年に発明された**ガスマントル**。石炭ガスの炎をマントルという発光体でおおうと、熱せられてろうそくより7倍明るい青白い光を放つようになりました。

　オーストリアのアウアーは、金属酸化物をガスの炎で燃やすと光が強くなることを知っていて、元素の**トリウムとセリウム**を主成分とした**アウアーマントル**を発明します。ガス灯と異なり異臭もせず長持ちもしたため、この発明でガスマントルは街灯だけでなく室内灯としても普及し、暮らしを向上させたとされます。現在でもキャンプのランタンにマントルは使われますが、トリウムは放射性物質なので、代わりに**イットリウム**などが使われています。

▶ 物を燃やす照明

電気が発明されるまで、人間は物を燃やして
照明としてきた。

ろうそく

紀元前より使用。ミツバチ
の巣、ハゼの実、パラフィ
ンなどを原料とする。

灯火

小皿などに油と灯芯を入れ
て火をともす。行灯の光源
に用い、菜種油が使われた。

ろうそくより
1.5倍明るい！

ガス灯（裸火）

石炭から出るガスに火をつ
けてあかりに利用。ヨーロ
ッパ中に普及した。

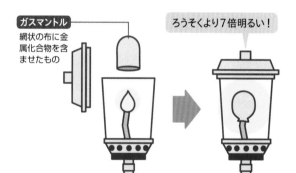

ガスマントル

網状の布に金
属化合物を含
ませたもの

ろうそくより7倍明るい！

ガスランタン

ガス灯の炎にガス
マントルを被せる
と、マントルに含
まれる金属元素が
発光する。ガスマ
ントルには、酸化
トリウムと酸化セ
リウムの混合物が
使われた。

**白熱電球の
フィラメント探し**

ガス灯を衰退させたのが白熱電球（➡ P52）の普及だ。
1879年に物理学者スワンが炭素フィラメントを用い
た電球の実用点灯に成功。以降、発明家エジソンが竹を
用いた白熱電球を実用化するなど、素材を改良して点灯
時間を伸ばす研究は進み、1904年にはタングステン
を用いた白熱電球が開発されている。

60 元素の力で汚れ落とし？ 石鹸の歴史としくみ

石鹸は**紀元前3000年頃から**あった。
アルカリ金属元素がしくみのカギ！

　石鹸は、どうやって汚れを落とすのでしょうか？　その秘密には、**アルカリ金属元素のナトリウムとカリウム**が関わっています。

　紀元前3000年頃、古代ローマの神殿で、神に捧げる羊を火であぶったあとにできた「灰」には汚れを落とす効果があるとされ、石鹸と同じように使ったとされます。植物の灰に含まれるカリウムと、羊肉から滴った油が混ざって、**偶然に石鹸が生まれた**のです。

　古来より石鹸は、動物性脂肪と植物灰（炭酸カリウム）、オリーブ油と海藻灰（炭酸カリウム）などを原料につくられてきました。

　現在使われている石鹸も、ヤシ油や牛脂などの油脂と、ナトリウムまたはカリウムの水酸化物が原料に使われます。油脂と水酸化ナトリウムが化学反応を起こすと脂肪酸ナトリウム＝固形石鹸が、油脂と水酸化カリウムが反応を起こすと脂肪酸カリウム＝液体石鹸ができるのです〔**図1**〕。

　なぜ、石鹸は汚れを落とせるのでしょうか？　これは、**脂肪酸ナトリウムと脂肪酸カリウムが界面活性剤だから**です。普通、水と油は混じり合いませんが、界面活性剤は水と油を混じり合わせる合わせる性質があります。この性質を使って、油汚れを浮かせて水で洗い流し、汚れを落とします〔**図2**〕。

石鹸は界面活性剤である

▶ 石鹸のつくり方 〔図1〕

油脂と、ナトリウムやカリウムを混ぜると石鹸ができる。

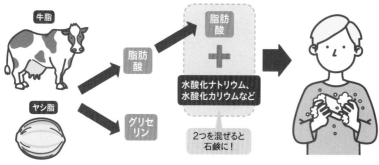

1 動植物の油脂を、脂肪酸とグリセリンに分解する。

2 高温にした脂肪酸と、ナトリウムやカリウムを混ぜる。

3 石鹸の完成！

▶ 汚れの落とし方 〔図2〕

石鹸である脂肪酸ナトリウムと脂肪酸カリウムは、水と油を混じり合わせる界面活性剤で、そのはたらきで汚れを落とす。

脂肪酸ナトリウムの構造

油になじみやすい部分	水になじみやすい部分
疎水基	親水基

脂肪酸ナトリウムの分子は、水になじみやすい部分 (親水基) と水になじみにくい部分 (疎水基) をもつため、水と油の間を取りもち、汚れを落とせる。

汚れを落とすしくみ

油汚れがつくと、水では落ちにくい。

界面活性剤の疎水基が油汚れに吸着。

親水基が水分と結びつき、汚れを浮かせる。

61 よく聞く「イオン」も元素の一種なの？

原子が電気を帯びたものが「イオン」。
体液量の調整など、さまざまに活躍！

「イオン飲料水」や「マイナスイオン」など、「イオン」という言葉を日常でも聞きますよね。これも元素なのでしょうか？

元素は固有の数の電子をもちますが、電子をもらったり失ったりすることがあります。**電子の増減によって「電気を帯びた原子」のことを「イオン」と呼びます**〔**右図**〕。

例えば、食塩の主成分「塩化ナトリウム」は水に溶けると、プラスの電気を帯びた「ナトリウムイオン」と、マイナスの電気を帯びた「塩化物イオン」に分かれます。純水では電気はほとんど通しませんが、食塩水だとこれらのイオンが電気を運ぶようになるので、電気がよく通るようになります。このように水に溶けると電気を通す食塩は**「電解質」**で、このしくみを応用したのが電池です。

人間の体液にも、さまざまな元素がイオンとして溶け込んでいます。例えば、人間はナトリウムイオンの濃度で細胞外の体液の量を調整しています。ひどい下痢などで、水とともにナトリウムイオンも流れ出すと脱水症になり、この調整機能がおかしくなります。

その治療のため、食塩を含む生理食塩水を点滴したり、電解質を含む経口補水液が利用されます。**大量の汗を流すスポーツ後に飲むイオン飲料もこの利用法のひとつ**です。

▶ イオンとは?

水などに溶けて、電気を帯びた原子のこと。例えば、塩化ナトリウムは、塩素のイオンとナトリウムのイオンが電気の力で結合した化合物。

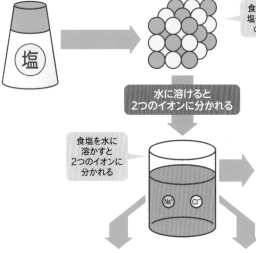

食塩の正体は
塩化ナトリウム
のかたまり

水に溶けると
2つのイオンに分かれる

食塩を水に
溶かすと
2つのイオンに
分かれる

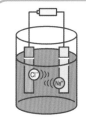

食塩水に電気を流すと、電極側にイオンが移動し、電気が流れるようになる。

ナトリウムイオン

ナトリウム原子から、電子が1個はずれたもの。プラスの電気を帯びる陽イオン。

塩化物イオン

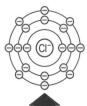

塩素原子が、電子を1個もらったもの。マイナスの電気を帯びている陰イオン。

ナトリウム原子

最外殻電子は1個で、電子を放出した方が「安定する」＝電子をほかの物質に渡しやすい。

塩素原子

最外殻電子に空きが1個あり、電子をもらったほうが「安定する」＝電子をほかの物質からもらいやすい。

Q 1gあたり最も高価な元素は何？

| 金 | or | ダイヤモンド | or | 放射性元素 |

元素は、地球における存在量も生産量もさまざま。なかには取引され、値段がついている元素も存在します。さて、1gあたり一番高価になる元素はどれでしょうか？

時価〇〇ドル

　現代ではどんな元素が高価なのか。値段の高そうな元素をいろいろ見ていきましょう。

　金属元素では、**金が8,500円/1g**、産業用レアメタルである白金族元素パラジウムが6,200円/1g、白金が4,400円/1gほどで取引されています※1。なお、レアメタルは世界情勢や産出国の都合

によって価格が大きく変動します。

　次に高そうな炭素の同素体・ダイヤモンドの価格を見てみましょう。世界で一番高価なダイヤモンドは、59.60カラット（約12g）の「ピンク・スター」と呼ばれるもので、2017年のオークションで、7,120万ドル（約79億円）で落札されています。これだと、**1gあたり約6.6億円**となります。

　希少な元素はどうでしょうか。放射性元素フランシウムは、地殻中に30gしかないと推定されており、半減期は約20分でその量が半分になってしまいます。ただ、いくら希少とはいえ、研究用以外に用途はないため、この元素にはお金を払いにくいですね。

　ほかにも、値段のついている放射性元素があります。この中で高いのは、原子番号98のカリホルニウム。1950年に合成された人工元素で、原子炉起動用の中性子源として量産され、1970年代は1μg（100万分の1g）あたり10ドル、現在は1μgあたり60ドルで販売されています。**つまり1gあたり78億円超[2]と途方もない価格**。1gあたりの価格では「放射性元素」が最も高価といえるでしょう。

　ただし、カリホルニウムはμg単位で使用する元素なので、現実に取引される価格ではないことに注意してください。

カリホルニウムとは？

人工的につくられた放射性元素。1950年にカリフォルニア大学バークレー校の研究チームが、加速器を使ってキュリウム242にヘリウムイオンをぶつけて合成に成功。名前は、大学名と州名にちなんで命名された。

カリフォルニア大学バークレー校

※1　2023年4月、ニューヨーク先物取引市場より。
※2　CRC Handbookの価格を参考にした。

明日話したくなる　元素の話　**3章**

62 各国が争うように探す？人工元素探求の歴史

1960年代からアメリカ、ソ連、西ドイツで熾烈な元素の発見競争が始まった！

　人間は、古来より元素を探し求めてきました。鉱石など自然の中から未知の元素を見つけ出しては、元素周期表の空欄を埋めていったのです。1945年、周期表で唯一空欄だった元素プロメチウムが発見され、原子番号1番水素～92番ウランの元素が埋まりました。

　93番以降は人工元素の歴史になります〔右図〕。1940年、ウランに中性子をぶつけたところ、93番元素ネプツニウムを発見。これ以降研究者たちは、**自然界から新元素を探すのでなく、ウランより重い元素を人工的につくり出すことで、新元素の発見を目指すことになります**。研究者たちは、ウランをはじめとする放射性元素に、中性子や軽い原子など、いろいろなものをぶつけ始めたのです。

　101番元素メンデレビウムまでは、アメリカが人工元素づくりで独走しますが、以降はアメリカ、ソビエト連邦（現ロシア）、ドイツらによる熾烈な新元素発見の競争となります。

　元素名は発見者が提案する権利をもちますが、104、105番元素では、各国が先に発見したと主張し、それぞれが名前をつけるなど混乱が生じるほどに競争が過熱しました。**現時点で119番以降の新元素は発見されていません**。現在も各国は新しい元素の合成に挑戦しています。

▶ 次々つくられた人工元素

人工元素はどれも放射性同位体で、利用用途はほとんどが研究用。

原子番号	元素名	発見年	発見国
93	ネプツニウム	1940	アメリカ
94	プルトニウム	1940	アメリカ
95	アメリシウム	1945	アメリカ
96	キュリウム	1944	アメリカ
97	バークリウム	1949	アメリカ
98	カリホルニウム	1950	アメリカ
99	アインスタイニウム	1952	アメリカ
100	フェルミウム	1952	アメリカ
101	メンデレビウム	1955	アメリカ
102	ノーベリウム	1958	アメリカ
103	ローレンシウム	1961	アメリカ
104	ラザホージウム	1964 (ソ) 1969 (米)	アメリカ・ソ連
105	ドブニウム	1968 (ソ) 1970 (米)	アメリカ・ソ連
106	シーボーギウム	1974	アメリカ
107	ボーリウム	1981	西ドイツ
108	ハッシウム	1984	西ドイツ
109	マイトネリウム	1982	西ドイツ
110	ダームスタチウム	1994	ドイツ
111	レントゲニウム	1994	ドイツ
112	コペルニシウム	1996	ドイツ
113	ニホニウム	2004	日本
114	フレロビウム	1999	アメリカ・ロシア共同
115	モスコビウム	2003	アメリカ・ロシア共同
116	リバモリウム	2000	アメリカ・ロシア共同
117	テネシン	2010	アメリカ・ロシア共同
118	オガネソン	2002	アメリカ・ロシア共同

104、105番の混乱 原子番号104、105番の元素は実験結果の追試験が困難で、アメリカとソ連のどちらが先に発見したか論争が起きた。それぞれ104番はラザホージウム (アメリカ)、クルチャトビウム (ロシア)、105番はハーニウム (アメリカ)、ニールスボーリウム (ロシア) と命名の提案があったが、IUPACが調停して現在の名前になった。

63 元素の放つ光の色で どの元素かがわかる?

なるほど! 元素が放つ「**線スペクトル**」で、 どの**元素の種類**かがわかる!

　人間の指紋が人それぞれで違うように、実は**元素にも「指紋」のような独自の特徴があります**。そのひとつが「**線スペクトル**」です。

　太陽光をプリズムという器具に通すと、連続した7色の帯に分光できます。この色の帯を**連続スペクトル**と呼び、色の順は光の波長の長さの順でもあります。そして例えば、ナトリウムを燃やした炎の色をプリズムに通すと、不連続な、とびとびの波長の位置に明るい線=**線スペクトル**があらわれます。**この明るい線は元素から放たれる光で、元素固有のもの**。この線スペクトルのパターンを調べることで、元素が特定できるのです〔**図1**〕。

　ドイツのブンゼンとキルヒホッフは、この光による元素の特定方法を「**分光法**」としてまとめあげた化学者です。彼らは、元素が光を吸収・放出する際のスペクトルを分析する「分光器」を制作し、新元素**ルビジウム**と**セシウム**を発見しています。

　分光法を使うと、星がもつ元素の正体も突き止められます。1868年に、天文学者は分光器を用いて、皆既日食中の太陽コロナの光の中から、まったく新しい明るい線=未知の元素を発見し、**ヘリウム**と名づけました。宇宙を観測し、夜空に輝く星のスペクトルから、恒星や惑星に存在する元素なども分析できるのです〔**図2**〕。

星の元素も線スペクトルでわかる

▶ 分光法の原理〔図1〕

元素が吸収・放出する光の波長は決まっているため、その性質を利用して、線スペクトルからどの元素かを調べることができる。

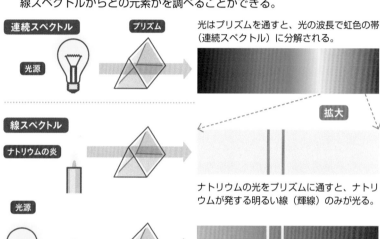

連続スペクトル / **プリズム**

光源

光はプリズムを通すと、光の波長で虹色の帯（連続スペクトル）に分解される。

拡大

線スペクトル

ナトリウムの炎

光源

ナトリウムの光をプリズムに通すと、ナトリウムが発する明るい線（輝線）のみが光る。

光を、ナトリウムの光に通すと、ナトリウムの発する光が吸収され、暗い線（吸収線・暗線）が残る。

▶ 分光法で星を分析〔図2〕

分光法を使えば、恒星の光に含まれる元素や惑星の大気中に含まれる元素まで分析できる。

例えば大気中にナトリウムがあるなら…

探査機

ナトリウムの吸収線が観測できる！

64 長さの基準？ 1メートルと元素

なるほど！ 白金とイリジウムの合金やクリプトンが、
1メートルの長さの基準を決めてきた！

1メートルの正確な長さには、具体的にあらわす基準があります。この基準は元素の性質を利用してつくられてきました〔**右図**〕。

長さ1メートルは、1791年にフランスで**「子午線の赤道から北極までの長さの1,000万分の1」**と定義されました。このとき、**長さを具体的にあらわす基準となるもの＝メートル原器**がつくられました。メートル原器は、できるだけ精密で変化の少ないものでつくらなければなりません。そこで**熱膨張率が低くさびにくい金属元素・白金で、1799年に最初のメートル原器がつくられました。**

1875年にヨーロッパ17カ国を中心にメートル条約が締結されると、1888年には**白金90%・イリジウム10%合金のメートル原器**30本がつくられました。金属元素イリジウムを混ぜることで、より硬く、熱膨張係数を小さく、経年劣化を少なくできたのです。しかし、メートル原器は長さの変化や紛失、破損の恐れがあります。そこで不変で普遍な原子に目を向け、**貴ガス元素・クリプトンで定義した原器がつくられました。**クリプトンランプの光の波長の165万763.73倍を1メートルとしたのです。

現在はより精度を良くする研究が進み、光速度不変の原理から、**光が約3億分の1秒に進む距離を1メートル**としています。

1メートルの基準は元素が決める

▶ 1メートルの基準となったさまざまな元素

1 メートル原器で1メートルを定義

1791年に1メートルを「地球の子午線の赤道から北極までの長さの1,000万分の1」と定義。その測量結果をもとに、白金製のメートル原器がつくられ、基準に。1888年には白金とイリジウムで新たなメートル原器がつくられた。

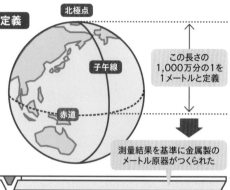

北極点

子午線

赤道

この長さの1,000万分の1を1メートルと定義

測量結果を基準に金属製のメートル原器がつくられた

2 光の波長で1メートルを定義

1960年、1メートルを「真空中を進むクリプトン86原子の放射光の1波長（606 nm）を、165万763.73倍した長さ」とした。

1メートル＝同位体であるクリプトン86原子の放つ1波長の165万763.73倍

3 光が進む距離で1メートルを定義

1983年、光が進む距離で1メートルを定義。当初はヨウ素・ヘリウム・ネオンを用いたレーザを光源にした。2009年以降は光周波数を精度よく測定できる「光周波数コム」を用いている。

1メートル＝真空中を光が2億9,979万2,458分の1秒に進む距離

65 「ダイヤモンド」は 人工的につくれる?

 なるほど! 炭素をある条件で結晶化すると、 人工的にダイヤモンドをつくれる

身近にある元素「炭素」。貴重なダイヤモンドも炭素からできていますが、実はダイヤモンドは人工的につくれます〔**右図**〕。

1つ目の方法は、**天然ダイヤモンドの生成と同じような条件をつくり、炭素をダイヤモンドにするHPHT法**。高圧合成法ともいいます。天然ダイヤモンドは、地下深くにあるマントルの高温・高圧の中で炭素が結晶化するなどしてできます。そこで、超高圧発生装置を使って約1,500度の高温、約5～6万気圧の高圧な条件を発生させ、炭素物質をダイヤモンドの結晶にします。数分間でダイヤモンドは合成でき、コンクリートや金属の切断工具などに使われます。

宝石用のダイヤモンドにするには、金属に溶けた炭素原子を高温高圧下で種結晶（スライスしたダイヤモンド結晶）に移動させ、結晶を成長させて大きく純度の高いダイヤモンドにしていきます。

2つ目の方法は、**CVD法**。化学蒸着法、または気相合成法ともいいます。**800～1,200度の高温、大気圧以下の低圧にした真空装置内で、炭素を含むメタンガス（炭化水素）などからダイヤモンドを合成**します。種結晶の上に炭素原子を降らせて、四角い板状の合成ダイヤモンド結晶に成長させていきます。

ちなみに天然と人工とでは、結晶の形が違います。

炭素であればダイヤモンドはつくれる

▶ ダイヤモンドのつくり方

HPHT法　天然ダイヤモンドの生成過程を再現したのがHPHT法。炭素を含んでいる遺髪や遺灰からも、人工的にダイヤモンドをつくることができる。

天然ダイヤモンドは、地中深くのマントルの中で高温・高圧を受けるなど、さまざまな条件下でつくられる。

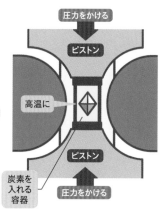

1 容器に黒鉛（炭素物質）と金属溶媒を入れる。

2 容器に高温・高圧をかけると数分で小さな結晶のダイヤモンドが合成される。

3 容器にあらかじめ種結晶を入れておくことで大粒のダイヤモンドがつくれる。

CVD法　高温は必要だが、高い圧力は必要としないのがCVD法。

1 基盤に種結晶（スライスしたダイヤモンド結晶）を置いて、800〜1,200度に加熱。

2 反応容器内に、原料ガス（メタンガスなどの炭化水素ガス）と水素ガスを入れる。

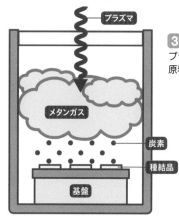

3 プラズマを当てて、原料ガスを分解。

4 種結晶の上に炭素原子を降らせて、ダイヤモンドを成長させる。

※ダイヤモンドの生成法にはいくつか種類があり、上図ではベルト型高圧装置、下図ではマイクロ波プラズマCVD法を解説した。

明日話したくなる　元素の話　**3章**

元素が創り出す 美しい 鉱石

元素名 リチウム、フッ素、アルミニウム、硫黄、カリウム、カルシウム、スズ、アンチモン、バリウム、水銀、ビスマス

日に当たると光る蛍石、朱色の顔料に使われた辰砂、花弁のような重晶石など、美しい鉱石はまだまだあります。

自然硫黄

火山地帯や温泉などで見られる鉱物。実は無臭で、黄色くもろい塊状、粒状の結晶として産出。

含まれる元素 硫黄

蛍石

フッ化カルシウムが主成分の鉱物。不純物を含むといろんな色を帯び、日光に当たると蛍光を発する。

含まれる元素
フッ素、カルシウム

錫石

酸化錫からなる鉱物。元素のスズの原料。硬く風化しにくいため、砂錫として堆積することも。

含まれる元素
スズ

リチア雲母

リチウムを主成分とするケイ酸塩鉱物で、元素のリチウムの原料。鱗雲母とも呼ばれる。

含まれる元素
リチウム、カリウム、アルミニウム など

178

辰砂
しんしゃ

硫化水銀からなる鉱物。元素の水銀の原料。古くから粉末は朱色の顔料や漢方薬に用いた。

含まれる元素 水銀、硫黄

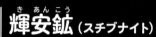

輝安鉱 (スチブナイト)
き あん こう

硫化アンチモンからなる鉱物。元素のアンチモンの原料。まれに日本刀のように美しい巨大結晶が産出される。

含まれる元素 アンチモン、硫黄

重晶石 (バライト)
じゅうしょう せき

硫酸バリウムからなる鉱物。元素のバリウムの原料。板状結晶が集まって花弁のように見えるものも。

含まれる元素
バリウム、硫黄

ビスマス

元素のビスマスをるつぼで溶かし、ゆっくり冷やすと幾何学的な結晶ができる。表面は酸化して虹色の皮膜に。

含まれる元素 ビスマス

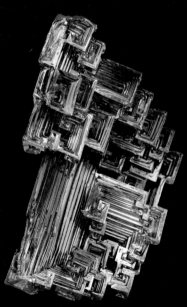

66 元素の新発見で ノーベル賞受賞はある?

なるほど! 貴ガス、フッ素、ラジウム、ポロニウム、超ウラン元素の発見で受賞者がいる!

元素の新発見でノーベル賞を受賞した人がいます。どんな元素の発見で受賞したのか、見てみましょう〔**図1**〕。

化学者ラムゼーと物理学者レイリーは、**1894年に空気中から新元素アルゴン発見**を発表。さらにラムゼーは、周期表にほかの物質と反応しづらい不活性な貴ガス元素グループの存在を予測。貴ガス元素であるクリプトン、ネオン、キセノンを発見しました。

フッ素は毒性が強く、単離※に挑戦した多くの人が命を落としていた元素ですが、1886年にフランスの化学者モアッサンがフッ素の単離に成功したことで、化学賞を受賞しています。

ポーランドのキュリー夫妻は、ウランから放出される光と熱を研究し、それを放射能と名づけた化学者です。ピッチブレンドという鉱物から**新たな放射性元素ラジウムとポロニウムの単離に成功**。この業績で、マリー・キュリーは2度ノーベル賞を受賞(化学賞と物理学賞)しています。また、ネプツニウムなどの**超ウラン元素(92番元素ウランより重い元素)の発見**に対し、1951年に物理化学者マクミランとシーボーグも化学賞を受賞しています。

ちなみに、日本人で新元素発見によるノーベル賞受賞者はまだいませんが、元素の性質を活用した研究で受賞者がいます〔**図2**〕。

※単離とは、鉱物などの化合物から元素単体を取り出すこと。

元素研究で2度ノーベル賞を受賞した人も

▶元素の新発見でノーベル賞を受賞〔図1〕

受賞年	発見者	内容
1904	ウィリアム・ラムゼー	空気中にアルゴンなど貴ガス元素を発見（化学賞を受賞）。
1904	レイリー	空気中にアルゴン（貴ガス元素）を発見（物理学賞を受賞）。
1906	アンリ・モアッサン	フッ素の単離に成功。
1911	マリー・キュリー	ラジウム、ポロニウムの発見（1904年に放射能の研究でキュリー夫妻は物理学賞を受賞）。
1951	マクミランとシーボーグ	超ウラン元素の発見。

▶元素に関係ある日本人ノーベル賞受賞者〔図2〕

受賞年	発見者	内容
2001	野依良治	右手型＆左手型という化合物をつくる際、ルテニウムやロジウムなどを触媒に、従来は難しかった一方のみをつくり出す方法（不斉合成反応）を開発。新薬開発などに活用（化学賞）。
2002	田中耕一	コバルトとグリセリンを使い、タンパク質を壊さずに質量分析することに成功。病気の診断や薬の開発に活用（化学賞）。
2010	根岸英一	パラジウムを用いて、炭素と炭素をつなげる反応、根岸カップリングを発見。医薬品・農薬・液晶材料の製造に（化学賞）。
2010	鈴木章	ホウ素化合物を用いて、炭素と炭素をつなげる反応、鈴木カップリングを発見。医薬品・農薬・液晶材料の製造に（化学賞）。
2014	赤﨑勇、天野浩、中村修二	青色発光ダイオードの発明。半導体として窒化ガリウム（ガリウムと窒素）単結晶を用いて実現（物理学賞）。
2019	吉野彰	リチウムイオン二次電池の開発（化学賞）。

「ノーベル」にちなむ元素　102番元素は、1957年にスウェーデンのノーベル物理学研究所で合成され、化学者ノーベルにちなんだ「ノーベリウム」と命名された。しかし発見を再現できず、結局別のグループが生成に成功。ただし研究者間の合意で、名前はそのままにされたという。

明日話したくなる　元素の話　3章

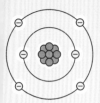

天然の元素94

自然界に存在するとされる94個の元素を解説します。

1 H 水素

宇宙で最も多い元素。最も軽く、気体は無味、無臭、無色。天然には、水などの化合物となって広く存在する。

2 He ヘリウム

宇宙で水素に次いで多い貴ガス元素。気体は空気より軽く、不燃性。沸点が低く(-268℃)極低温の冷却材に。

3 Li リチウム

金属元素の中で最も軽い。リチウムイオン電池としてスマホや電気自動車で利用。炭酸リチウムは治療薬にも。

4 Be ベリリウム

もろくて硬い金属元素。エメラルドに含まれる。ベリリウム銅合金は強力バネ材料。宇宙望遠鏡の素材にも。

5 B ホウ素

ガラス原料のホウ砂に含まれる半金属元素。硬質ガラスやガラス繊維、ゴキブリ退治のホウ酸だんごにも使用。

6 C 炭素

生命に必須の元素。タンパク質、食べ物、プラスチック、繊維、化石燃料など身近な物質のほとんどは炭素を含む。

7 N 窒素

空気中の約78%を占める。アンモニアは肥料に。生命必須元素でタンパク質に含まれる。液体窒素は冷却材に。

8 O 酸素

水や空気の成分。宇宙で3番目に多い元素。植物の光合成で供給。呼吸に必須。多くの元素と反応し酸化物をつくる。

9 F フッ素

フッ素は虫歯予防、テフロンで知られるフッ素樹脂で活用される。フッ素化合物のフロンはオゾン層を破壊。

10 Ne ネオン

他物質と反応しにくい貴ガス元素。放電管に入れて電圧をかけると赤橙色に輝くネオンサインに。レーザーにも使用。

11 Na ナトリウム

金属元素。水と反応し、塩(塩化ナトリウム)など化合物として天然に存在。人間の必須元素。

12 Mg マグネシウム

実用金属で最も軽く、合金は飛行機や自動車に用いる。植物の光合成に欠かせない葉緑素に存在。豆腐の凝固剤。

車のホイール(アルミニウム、マグネシウムなど)

13 Al アルミニウム

地殻で最も多い金属元素。軽く加工が容易で、用途は建材、車両、容器など幅広い。ルビーとサファイアの主成分。

14 Si ケイ素

半金属元素で半導体の材料。二酸化ケイ素(ケイ砂)はガラスの原料。ケイ素樹脂(シリコーン)は日用品に使用。

15 P リン

生命に必須の元素。骨、DNA、生命エネルギーの源ATPなどに含まれる。同素体が多い。肥料やマッチに用いる。

16 S 硫黄（いおう）

火山帯に単体が存在。硫黄臭は硫化水素が原因で有毒。硫酸は産業に欠かせない。ゴムに混ぜると弾力性が上がる。

硫黄

17 Cl 塩素

塩などの化合物や、海水中に塩化物イオンとして天然に存在。気体は黄緑色で有毒。水道の消毒や塩ビ管に用いる。

18 Ar アルゴン

空気中の約1％を占める貴ガス元素。電球や蛍光灯、ネオン管の充塡ガスに用いる。溶接で金属の酸化を防ぐ用途も。

19 K カリウム

金属元素。地殻にケイ酸塩として広く存在。炭酸カリウムは石鹸の原料。塩化カリウムは肥料に。人間の必須元素。

20 Ca カルシウム

金属元素。地殻の存在度で5位。化合物は白色で石灰石や大理石の形で天然に存在。骨やセメントの主成分。

21 Sc スカンジウム

金属の希土類元素。合金は自転車用軽量フレームや金属バットに。屋外用の水銀灯に添加し発光効率を上げる。

22 Ti チタン

高耐食、軽量、高強度な金属元素。合金は航空機、人工骨など。酸化チタンは化粧品の白色顔料、光触媒に用いる。

23 V バナジウム

やわらかく加工しやすい金属元素。合金のクロムバナジウム鋼はばねや工具に。一部のキノコやホヤが含む。

24 Cr クロム

鉄とクロムの合金、ステンレス鋼は多用される。電熱器のニクロム線、メッキに用いる。ルビーの赤色の原因。

25 Mn マンガン

硬くてもろい金属元素。合金のマンガン鋼はレールのポイントに。マンガン電池の材料。海底にマンガン団塊が存在。

26 Fe 鉄

建築、乗り物、機械、生活用具など生活を支える金属元素。強磁性体。人体の必須元素でもあり、赤血球に含まれる。

ステンレス器具（鉄、クロム、炭素）

27 Co コバルト

強磁性な金属元素。クロム・ニッケル合金に加えて飛行機のタービンに。生命に必須でビタミンB_{12}に含まれる。

28 Ni ニッケル

強磁性な金属元素。合金はステンレス鋼、白銅、ニクロム線、形状記憶合金など。ニッカド電池の材料にも。

29 Cu 銅

加工しやすい金属元素。電気・熱伝導がよく、電線や調理器具に用いる。青銅など合金も多用される。抗菌性がある。

30 Zn 亜鉛

金属元素。トタン（鉄板に亜鉛メッキ）、真鍮（銅との合金）、白色顔料、電池の電極に用いる。生命の必須元素。

31 **Ga** ガリウム

手で握ると溶けるほど融点が低い金属元素（29.8℃）。化合物半導体としてLED、半導体レーザーに用いる。

32 **Ge** ゲルマニウム

半金属元素。ゲルマニウムの研究がトランジスタや半導体の発明につながる。赤外線カメラのレンズに用いる。

33 **As** ヒ素

半金属元素。化合物半導体としてLEDなど半導体の材料に。酸化物は毒薬。雄黄などのヒ素鉱物は古来より有名。

34 **Se** セレン

同素体の多い半金属元素。光が当たると導電性が増す特性から、カメラの撮像素子や露出計に。生命の必須元素。

35 **Br** 臭素

室温で液体の非金属元素。気化しやすく有毒。写真の感光材に用い、元素の英名が「ブロマイド写真」の語源。

雄黄(ヒ素、硫黄)

36 **Kr** クリプトン

貴ガス元素。電球や蛍光灯の充填ガスに用いる。かつて長さ1mの定義に用いた。吸入すると低い声が出る。

37 **Rb** ルビジウム

やわらかい金属元素。水と激しく反応する。安価な原子時計としてGPSに搭載。岩石の年代測定に用いる。

38 **Sr** ストロンチウム

金属元素。誤差300億年に1秒の光格子時計に。炎色反応で花火の発色に（赤色）。永久磁石の材料にも。

39 **Y** イットリウム

金属の希土類元素。金属溶接や加工、医療に用いるYAGレーザーの材料。LED照明の蛍光体にも。

40 **Zr** ジルコニウム

金属元素。ナイフなど高強度セラミックス、人工ダイヤの材料に。中性子を吸収しないため、原子炉燃料棒の被覆に。

赤い花火(ストロンチウム)

41 **Nb** ニオブ

金属元素。ニオブ・チタン合金はMRI検査の超電導電磁石に。ステンレス鋼に添加すると高温強度が増加。

42 **Mo** モリブデン

融点、沸点が高い金属元素。鋼に添加し合金の性能を高める。石油から硫黄を除去する触媒、固体潤滑剤にも。

43 **Tc** テクネチウム

世界初の人工元素で放射性の金属元素。体内に投与して病気の診断を行う、RI（核医学）検査に用いる。

44 **Ru** ルテニウム

白金族元素。合金は電気回路の接点、万年筆のペン先に。野依良治氏は触媒に用いて不斉水素化反応を開発。

45 **Rh** ロジウム

白金族元素。自動車の排ガス浄化装置の触媒。反射率が高く、銀メッキの代わりに用いることも。

46 **Pd** パラジウム

白金族元素。自動車の排ガス浄化装置の触媒。根岸英一氏は触媒に用いて有機分子を結合する方法を開発。

47 Ag 銀

加工しやすく電気・熱伝導性が最大の金属元素。食器、装飾品、鏡に用いる。銀イオンは抗菌作用をもつ。

濃紅銀鉱
（のうこうぎんこう）
（銀、アンチモン）

48 Cd カドミウム

亜鉛族の金属元素。毒性がある。ニッケル-カドミウム電池の電極。顔料カドミウムイエローの主成分。

49 In インジウム

金属元素。化合物は半導体として液晶テレビなどの透明電極材料に。ヒーターガラスとして曇り防止にも。

50 Sn スズ

古来より知られた金属元素。青銅（銅との合金）、ブリキ（鉄にスズメッキ）、ハンダ（鉛との合金）に用いる。

51 Sb アンチモン

半金属元素。かつては化粧品や活字印刷に使われた。酸化物はプラスチックや織物の難燃化剤に用いる。

52 Te テルル

半金属元素。鋼に添加すると加工性が高まる。主成分とする合金レーザーは書き換え可能な光ディスクに用いる。

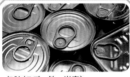

缶詰（スズ、鉄、炭素）

53 I ヨウ素

反応性に富む元素。人体で甲状腺ホルモン合成に必須。殺菌作用があり消毒薬、うがい薬に。ハロゲン電球封入ガス。

54 Xe キセノン

貴ガス元素。ガス封入したキセノンランプは自動車のヘッドライトに。宇宙探査機のイオンエンジン推進剤。

55 Cs セシウム

室温で液体になる金属元素（融点28℃）。分光分析で見つかった初の元素。1秒を定義する原子時計に用いる。

56 Ba バリウム

反応性が高い金属元素。X線を通しにくい硫酸バリウムを造影剤にX線診断で使う。超電導体として期待される材料。

57 La ランタン

金属の希土類元素。ニッケルとの合金は水素吸蔵合金で二次電池の電極に。高屈折率のカメラレンズの材料。

58 Ce セリウム

地殻で最も多い金属の希土類元素。LED電球の黄色蛍光体やガラスの研磨剤に用いる。黄色の顔料にも利用。

59 Pr プラセオジム

金属の希土類元素。黄緑色の顔料に用いる。加工がしやすいプラセオジム磁石の材料に利用される。

60 Nd ネオジム

金属の希土類元素。最強の永久磁石・ネオジム磁石の材料。医療などに使うYAGレーザーにも添加される。

61 Pm プロメチウム

放射性をもつ金属の希土類元素。かつて蛍光塗料や宇宙探査機の電源（原子力電池）に用いられた。

62 Sm サマリウム

金属の希土類元素。熱に強い強力な永久磁石・サマリウム磁石の材料。岩石の年代測定にも用いる。

63 Eu ユウロピウム

希土類元素中、最も反応性の高い金属元素。ブラウン管テレビ、蛍光灯、液晶ディスプレイの蛍光体に用いる。

64 Gd ガドリニウム

金属の希土類元素。原子炉の制御棒、MRI検査の画像強調剤に用いる。強磁性を示し、磁気冷却器にも利用。

65 Tb テルビウム

金属の希土類元素。合金は電動アシスト自転車のセンサーに。蛍光灯などの蛍光体、X線検査の増感剤にも使う。

66 Dy ジスプロシウム

金属の希土類元素。ネオジム磁石の耐熱性を高める材料。ユウロピウムと合わせて、標識用の蓄光性蛍光塗料に。

67 Ho ホルミウム

金属の希土類元素。医療に使うホルミウムレーザー、ガラスの着色剤に用いる。化合物は磁気冷却器にも利用。

68 Er エルビウム

金属の希土類元素。添加した光ファイバーは光を増幅させる光アンプに。医療用YAGレーザーの添加材料にも。

69 Tm ツリウム

金属の希土類元素。エルビウム光ファイバーに添加すると光の伝送容量を増やす。放射線量計にも用いる。

70 Yb イッテルビウム

金属の希土類元素。ガラスの着色剤やYAGレーザーの添加材に用いる。熱光起電力発電の材料として研究も。

71 Lu ルテチウム

金属の希土類元素。半減期が380億年の同位体があり、古代や宇宙の鉱物の年代測定に用いる。

72 Hf ハフニウム

金属元素。中性子をよく吸収するため原子炉の制御棒に。ニッケル合金に添加され高温耐性を上げる用途も。

コルタン鉱石（タンタル、ニオブ）

73 Ta タンタル

硬いが引き延ばしやすい金属元素。電子機器の小型で大容量なコンデンサに用いる。X線検査の造影剤にも。

74 W タングステン

金属元素の中で最も融点が高い。白熱電球の発光体（フィラメント）、鋼との合金はとても硬く、切削工具に用いる。

75 Re レニウム

金属元素で2番目に融点が高い。超耐熱合金としてジェットエンジンなどに使用。高温用温度センサーにも用いる。

76 Os オスミウム

白金族の金属元素。最も重い物質。合金は万年筆のペン先に。酸化物は酸化剤や生物組織の顕微鏡観察の固定剤に。

白熱電球の発光体（タングステン）

77 Ir イリジウム

白金族の金属元素。最も重い物質。反応性が低く変質しにくい。隕石に含まれ、恐竜絶滅＝隕石衝突説の根拠に。

78 Pt 白金

白金族の金属元素。宝飾品、実験器具、自動車の排ガス除去装置の触媒、抗がん剤、硬貨の材料などに用いる。

金の延べ棒
（金）

79 Au 金

加工しやすい金属元素。反応性が低く輝きを失わない。宝飾品として高価値。熱・電気伝導性が高く電気回路にも。

80 Hg 水銀

常温で液体の金属元素（融点-38℃）。他金属との合金はペースト状に（アマルガム）。毒性をもつ。かつては温度計に。

81 Tl タリウム

金属元素。化合物は毒性があり、古くは殺鼠剤に。メタルハライドランプの添加物。医療で心筋の診断に用いる。

82 Pb 鉛

加工しやすい金属元素。かつて鉛管や容器に使われたが毒性から現在は使われない。自動車バッテリーに使用。

83 Bi ビスマス

半金属元素。融点が低く、合金はヒューズ（電流遮断装置）や火災報知機に。熱電変換素子、超伝導体の応用に期待。

84 Po ポロニウム

放射性をもつ半金属元素。キュリー夫妻が1898年に発見。毒性が強い。衛星用の電源（原子力電池）に用いた。

85 At アスタチン

メンデレーエフが85番元素「エカヨウ素」として存在を予言。放射性元素。がん治療の応用に期待。

86 Rn ラドン

あらゆる気体で最も重い、放射性をもつ貴ガス元素。ラドンを含む温泉であるラドン泉、ラジウム泉で知られる。

87 Fr フランシウム

メンデレーエフが87番元素「エカセシウム」として存在を予言。放射性をもつ金属元素。フランスが名前の由来。

88 Ra ラジウム

放射性をもつ金属元素。キュリー夫妻が1898年に発見した。前立腺がんの治療薬として用いる。

89 Ac アクチニウム

放射性をもつ金属元素。放射線がん治療のアルファ線内用療法の材料に用いる。名前はギリシャ語「光線」に由来。

90 Th トリウム

放射性をもつ金属元素。かつてガスマントルの発光体に使われた。アーク溶接で使うタングステン電極に添加。

91 Pa プロトアクチニウム

放射性をもつ金属元素。おもに研究用途に用いる。海底の堆積物などの年代測定に利用される。

92 U ウラン

放射性をもつ金属元素。核分裂連鎖反応を起こすウラン235は原子炉の核燃料に。年代測定、ガラス着色剤にも。

93 Np ネプツニウム

人工的につくられた放射性元素。のちに天然にも微量に存在することがわかった。海王星（ネプチューン）に由来。

94 Pu プルトニウム

人工の放射性元素。のちに天然からも存在することが判明。高速増殖炉の核燃料、人工衛星用の原子力電池にも。

ウランガラス（ウラン）

さくいん

参考文献

『元素大百科事典』渡辺正 監訳（朝倉書店）
『元素118の新知識 第2版』桜井弘 編（講談社）
『理科年表』国立天文台 編（丸善出版）
『世界でいちばん素敵な元素の教室』栗山恭直、東京エレクトロン 監修（三才ブックス）
『図解 身近にあふれる「科学」が3時間でわかる本』左巻健男 編著、元素学たん 著（明日香出版社）
『マンガと図鑑でおもしろい！ わかる元素の本』うえたに夫婦 著（大和書房）
Newton別冊『完全図解 元素と周期表』（ニュートンプレス）
『元素の事典』馬淵久夫 編（朝倉書店）
『図解入門 よくわかる最新元素の基本と仕組み』山口潤一郎 著（秀和システム）
『元素のすべてがわかる図鑑』若林文高 監修（ナツメ社）
『世界の見方が変わる元素の話』ティム・ジェイムズ 著（草思社）
『新版 美しい元素』大嶋建一 監修（学研）

◆Web
文部科学省 一家に1枚 元素周期表
https://www.mext.go.jp/a_menu/kagaku/week/1413572_00004.htm

国際周期表年（IYPT）2019のホームページ
https://iypt.jp/

監修者 **栗山恭直**（くりやま やすなお）

長崎県出身。理学博士。山形大学理学部教授。専門は光化学、環境調和型有機合成、科学教育。筑波大学・大学院、ニューメキシコ大学博士研究員、北里大学を経て、現職。学生たちとのサイエンスボランティア活動、大学に理科普及の活動拠点を設置するなど、子どもから大人まで、楽しみながら科学を学べる活動・イベントを行っている。おもな監修書は『世界でいちばん素敵な元素の教室』（三才ブックス）。

執筆協力	入澤宣幸、木村敦美
イラスト	桔川シン、堀口順一朗、栗生ゑゐこ、北嶋京輔
デザイン・DTP	佐々木容子（カラノキデザイン制作室）
写真提供	Getty Images、フォトライブラリー、PIXTA
校閲	西進社
編集協力	堀内直哉

イラスト＆図解 知識ゼロでも楽しく読める！元素のしくみ

2023年6月5日発行　第1版

監修者	栗山恭直
発行者	若松和紀
発行所	株式会社 西東社
	〒113-0034　東京都文京区湯島2-3-13
	https://www.seitosha.co.jp/
	電話　03-5800-3120（代）

※本書に記載のない内容のご質問や著者等の連絡先につきましては、お答えできかねます。

ISBN 978-4-7916-3228-2